THE
ART
OF
TEA
TABLE
DECORATING

茶席设计

张亚峰 主编

THE
ART
OF
TEA
TABLE
DECORATING

中国轻工业出版社

图书在版编目（CIP）数据

茶席设计 / 张亚峰主编. -- 北京：中国轻工业出
版社, 2024. 9. -- ISBN 978-7-5184-5030-5

Ⅰ. TS971.21

中国国家版本馆CIP数据核字第2024YW0667号

责任编辑：徐　琪　　　　责任终审：高惠京　　设计制作：锋尚设计
策划编辑：毛旭林　徐　琪　责任校对：朱燕春　　责任监印：张京华

出版发行：中国轻工业出版社（北京鲁谷东街5号，邮编：100040）

印　　刷：天津裕同印刷有限公司

经　　销：各地新华书店

版　　次：2024年9月第1版第1次印刷

开　　本：710×1000　1/16　印张：13

字　　数：280千字

书　　号：ISBN 978-7-5184-5030-5　定价：69.80元

邮购电话：010-85119873

发行电话：010-85119832　010-85119912

网　　址：http://www.chlip.com.cn

Email：club@chlip.com.cn

编委会

主　　编：张亚峰

编写成员：徐　学　高飞燕　徐慧慧

　　　　　宋　茜　郭丽娜

前言

　　中华传统文化之美，尤在茶道。茶道的魅力，是用口感留住人，用审美吸引人，用文化熏陶人，用智慧启迪人。从滋味到品味再到真味，根植于中国传统文化沃土的茶道，源于生活，又在生活中不断升华，用一种朴素而直观的方式给人以回甘体验、茶事审美，并引导人参悟人生。茶道促使人们内外兼修、知行合一，始终是对真善美的追求，具有浓郁的人文情怀。

　　茶席，是茶人设计出来的专门用于品茗活动的艺术空间。它以茶叶为核心，以茶具为主角，是茶人艺术修养和审美情趣的重要展示。茶席，有着悠久的历史，为古代文人所创设，流传至今，依然焕发着强大的生命力。它是传统的，又是现代的；是生活的，又是艺术的；是质朴的，又是时尚的。茶席，不是茶具的简单组合，不是奢华物品的炫耀，而是现代茶人雅致生活和艺术心灵的真实展现。茶席的设计与布置是具有专业性、技术性、规范性的茶事技能，更是一种具有美感的艺术活动。从这个意义上看，茶席设计就是一种艺术创作，遵循艺术与审美的创作规律。优秀的茶人，如同艺术家，用其独到的眼光、灵巧的双手，构建出具有独特韵味的茶席，把美好的体验带给茶友。

　　茶席设计是在茶道精神指导下的实践活动，由生活走向艺术，兼具功能性与审美性。一杯茶，既是物质的，又是精神的。在物质层面上，茶有色、香、味，茶之色清新怡人，茶之香悠远轻盈，茶之味甘爽清冽。在精神层面上，包含因茶的清香、甘爽与茶事之美所带来的愉悦感受，以及因品茶所获得的生命体悟。在快节奏的现代社会生活中，人们的心态容易浮躁，而茶恰好可以让人们放缓生活的节奏，体味悠闲自在的人生，对紧张的生活状态进行平衡和疏导。一方小小的茶席，足以成为现代人的一种精神寄托。

　　茶席设计，也是茶会活动的必备环节。茶会是以茶为媒的群体性聚会，不仅是一种喝茶的方式，也是人们互相交流、交友的优雅范式，更是提高生活品位和文化素养的途径。而在所有茶会中，茶席几乎是必不可少的，它是茶人泡茶、饮茶的实体，是茶人展示茶艺技能的载体，也是茶人之间进行交流的平台。一场茶会举办得成功与否，茶席设计是重要的环节。美的茶席，能够让茶会增色不少。

大益茶道院自2010年成立以来，一直致力于职业茶道师的培训、竞赛、评级以及中国茶道的建设、交流与推广，以"惜茶爱人"为宗旨，以"继先师之绝学，弘人文之茶道，振华夏之茶风"为使命，成为中国茶道的开拓者、践行者与推广者。大益茶道院研发并推出了一系列职业茶道课程，从初阶到二阶、三阶，直到七阶。茶席设计便是职业茶道师晋升二阶的必修课。毋庸置疑，设计茶席是一个合格的职业茶道师的日常功课。茶席设计的水平，关系茶道师能否顺利通过阶位考核，并为提升茶道研修打下良好基础。

为了让茶道师更好地学习研修中国茶道，提高业务能力与水平，大益茶道院专门组织从事茶席设计教学科研的老师编写了这本《茶席设计》。本书分为八大章，第一章"概念与原理"，从茶席的定义、历史、特点、美学等方面进行解读；第二章"茶席的基本要素"，介绍了茶席的构成元素，主要包括茶品、茶具、铺垫和茶点等内容；第三章"主题与构思"，阐明了茶席设计的主题、题材，以及相应的文案创作方法；第四章"艺术技巧与方法"，主要介绍茶席设计常见的艺术技巧与方法，包括平面设计、色彩设计、空间设计等；第五章"茶席的综合艺术"，包括茶席与插花、茶席与音乐、茶席与香道、茶席与挂画四方面内容；第六章"茶会的组织"，介绍了茶会的历史、主要类型、组织方法等；第七章"席主的素养"，对席主应该具备的职业素养进行了较为详细的说明；第八章"茶席设计范例"，介绍了不同场景、不同季节、不同风格的茶席案例，如仕席、云席、四季、二十四节气等茶席示范。

总之，本书是大益茶道院师资团队十多年来教学实践的心血凝结，既有茶席设计知识与经验的传授，更有实用的茶席设计方法与技巧的详细阐释，使读者能够在本书的指导下设计出自己的茶席作品，这也是出版本书的初心。在本书的编写过程中，我们感到茶席设计领域仍有许多课题值得深入研究，不足之处难以避免。诚如吴远之先生所言，茶非一人之茶，道非一己之道。竭诚欢迎各位读者批评指正，以便我们在下次修订时尽可能完善。

笔者

目录

第一章

概念与原理

第一节 茶席设计的定义

中华茶文化是一种兼具物质属性与精神属性的复合文化，也是不断创新与发展的生态文化。在漫长的发展过程中，唐、宋、明、清等不同历史时期的饮茶方式和审美标准都各有其鲜明的时代特色。而随着茶在世界各地的传播与发展融合，茶文化的内容体系也不断地丰富。一般而言，现代茶艺、茶席的概念，是在日韩及中国台湾地区的茶事活动中产生的，并于20世纪80年代逐渐引起大陆茶人的关注。

可以说，茶席一词，先有其实，再有其名。类似于茶器的发展，在中国饮食文化发展脉络中，最早是茶酒食具不分，而后分出酒具，再分出专用茶器，并出现各式茶器名称。中国有茶道之始就有茶席，古画、典籍记录中早已有茶席之实，但在目前所见茶书诗文中未有茶席一词。

茶席，是从"席"字引申而来。席，始见于商代甲骨文，像编织好的席子的字形，本义为坐卧之垫具，后引申为席位、座次，"君赐食，必正席，先尝之。"（《论语·乡党》）又引申为职务，以及成桌的饭菜，酒席即酒筵。古人习惯席地而坐，说话、议事或宴会常常在席上进行，不同身份、地位、年龄的人在席上的位置、座次有专门约定。筵席是成套肴馔及其台面的统称，筵和席都是宴饮时铺在地上的坐具。古时制度为，筵铺在下面，席加在上面。《周礼·春官·叙官》："司几筵，下士二人……"郑玄注："铺陈曰筵，藉之曰席。"《礼记·乐记》有记"铺筵席，陈尊俎，列笾豆，以升降为礼者，礼之末节也。"

我国将"席"与"茶"结合在一起，并与极具现代感的"设计"一词组合，是2000年以后的事情。2002年，浙江大学童启庆教授编著的《影像中国茶道》中首次使用"茶席"一词；2005年，乔木森先生的《茶席设计》出版；2008年，国家高级茶艺师和茶艺技师统编教材专门设置"茶席设计"版块，茶艺界逐渐掀起了茶席设计学习和研究的热潮。

那么，茶席是什么？随着内容丰富、个性独特的茶席设计活动的风行，茶界对茶席和茶席设计出现了种种定义，可谓仁智各见。

童启庆教授在《影像中国茶道》中说道："茶席，是泡茶、喝茶的地方，包括泡茶的操作场所、客人的座席以及所需气氛的环境布置。"

乔木森先生在《茶席设计》中给出的定义是："所谓茶席设计，就是指以茶为灵魂，以茶具为主体，在特定的空间形态中，与其他的艺术形式相结合，所共同完成的一个有独立主题的茶道艺术组合整体。"

池宗宪先生在其2007年所著的《茶席曼荼罗》中提出："将茶席看成是一种装置，是想传达摆设茶席的茶人的一种想法，一种漫游于自我思绪中，曾经思索所想表达的词汇，将茶席成为一种自我询问与对话的作业方式。"

蔡荣章先生在其2011年主编的《茶席·茶会》中写道："茶席是为表现茶道之美或茶道精神而规划的一个场所。"

2012年，《茶未荼蘼——茶事与生活方式》一书提出关于"茶席"的见解："茶席其实是一种人与茶，人与器，茶与器，人与人之间的对话……从广义上讲，茶席布置就是品茗环境的布置，即根据茶艺的类型和主题，为品茗营造一个温馨、高雅、舒适、简洁的良好环境。"

李曙韵女士在其2014年所著的《茶叶的初相》一书中提出："茶席是茶人展现梦想的舞台……"

静清和在其2015年出版的《茶席窥美》中这样表达："茶席，是为品茗构建的一个人、茶、器、物、境的茶道美学空间，它以茶汤为灵魂，以茶具为主体，在特定的空间形态中，与其他的艺术形式相结合，共同构成的具有独立主题，并有所表达的艺术组合。"

周新华在其2016年主编的《茶席设计》中这样定义："茶席是茶文化空间的一种，是有独立主题的、最为精致的、浓缩了茶文化菁华的一个美妙的茶文化空间。"

王迎新女士在其2017年所著《人文茶席》一书中提出，"茶席是以茶为中心，融摄东方美学和人文情怀所构成的茶空间及茶道美学理念的饮茶方式。它不仅仅拘于茶的层面，已经成为一种复兴与发扬中的生活美学。"

综上诸家关于茶席的定义，各有其理。可以看到，茶人对茶席的理解和认知已经从不自觉审视逐渐走向自觉审视，开始从最早的器物空间组合的功能层面，转变为将人和自然链接融合的一种独立的、综合性的艺术和生活美学，并上升为一种哲学层面的精神修炼过程。

笔者认为，茶席设计是茶道研修的重要组成部分，也是茶道艺术与审美的重要载体。茶席设计，是茶人借由茶、茶器的排列组合，以及多种艺术形式的运用，来表达特定主题的富有美感的艺术空间。

首先，茶席设计以茶器、茶具的排列组合为主要表达方式。茶席，从根本上来说，是茶人泡茶和品茶的一个空间，既要有实用性，又要有艺术感。在茶席上，茶器、茶具是必不可少的主角，而茶事器具的使用，又离不开各种茶叶。我国有诸多茶类，如红茶、绿茶、黄茶、青茶、白茶、黑茶，各类茶品形态各异，各具特色。现代茶席上的茶器主要有水壶、茶壶、壶承、公道杯、茶杯、杯托、茶荷、水盂、茶叶罐、茶巾等。茶具摆放得好，既赏心悦目，又顺手好用，泡茶流畅无碍。所以茶席要布局合理，实用美观，注重层次感，有线条的变化。茶壶和茶杯的摆放要有序，赏茶器与水壶放在下方成一直线，中间放茶巾，左右要平衡，尽量不要有遮挡。

其次，茶席设计需要运用多种艺术形式。茶席的设计，是围绕品茗活动开展的，但并非只有茶文化一种元素。所谓六艺成茶，茶通六艺。绘画、插花、香道、雕塑、书法、音乐、诗歌、丝织等艺术形式的运用，会使茶席增色。选择合适的茶席饰品、铺垫物、挂画、屏风等，并在特定的空间范围内确定茶桌、茶具、插花等物品的位置和放置形式，在确保实用性的同时，能创造出既饱含艺术气息，又充满生机活力的品茗环境。

再次，茶席设计通常都有一定的主题。主题是文学艺术作品所表达的核心思想。茶席是内容与形式的结合，也是茶人表达核心思想与情趣的主要手段。不同类型的茶席，不同季节的茶席，以及不同场景下的茶席，其主题存在一定的差别。有的表达对友谊的珍惜，有的表达对爱情的赞美，有的表达对师长的尊敬，有的表达对先贤的景仰，有的表现茶道精神，还有的表达对生命的某种体悟。主题是茶席设计的核心与灵魂，在确定了主题之后，茶人可以根据需要对茶器具等材料进行选择使用，从选茶、择水、备具，到茶桌台布、插花和字画等物品的摆设，以及茶艺师的服饰等多个方面进行斟酌考量。

最后，茶席设计是富有美感的艺术空间。茶席设计中的茶、器、书、画、音乐、空间等意象的组合，勾勒出了一个富有美感的艺术空间。一款好的茶席设计，不仅要让茶叶和茶具等物品主次分明，搭配得当，颜色协调，还要独具创意，充分展露出茶人的思想风格和艺术才华。茶席设计不只是精美的茶具展示，也不只是单纯的茶艺表演，而是与众不同、独出心裁的整体设计。茶席要有设计感，需要渗入茶人巧妙的构思、精心的布局。只有这样，才能在茶席的特定时空里，在"此时此间"的人与器、人与天地自然、人与人链接的"交响乐"中，实现多种传统艺术与哲学的融合，从而激发欣赏者心中对"道"的向往。

总之，茶席既有物质层面和精神层面的内容，又有美学空间的要求；既是静态的空间艺术，又是动态的时间艺术，静态的茶席通过动态的演示更能完美体现茶的魅力。茶席不仅是视觉看到的物态，更是需要通过耳、鼻、口、舌、身、意安静感受的动态过程，让人眼观其色，耳听其乐，鼻嗅其香，舌品其味，身受礼仪，意合其境。所以，一方茶席，不仅是小小的方寸茶台，更是人与人、人与自然、人与自我的融合机制。小茶席，自有大乾坤。

第二节 茶席设计的历史

茶席设计是近年中国茶文化复兴过程中产生的新名词,不见于中国古籍,但从现今留存的古代有关茶的诗文及书画作品中可以找寻古代茶席的隐隐踪迹。由于每个时代的品饮方式不同,古代茶席总是带着时代特征,同时根据环境、节令的不同而变化。无论是唐代的煎茶,还是宋代点茶,乃至明清的泡饮,都是如此。

一 古诗词中的茶席

隋唐时期是茶文化全面繁盛时期。世界首部茶书、陆羽的《茶经》问世,其中设计二十四器专用于饮茶,将二十四器组合运用,形成最早的独立的茶饮之席,可以说是茶席设计的滥觞,是中国茶文化成熟的标志。自此,布席吃茶成为茶事活动的基本规制,饮茶范式得以延承,茶道大行,上至权贵,下至百姓,皆崇尚茶饮之清欢。

陆羽之后,茶成为与"琴棋书画"相匹配的雅文化,饮茶开始在上流社会普及,成为文人雅士、寺院僧侣和皇室君臣的风雅之事,对饮茶的环境即茶席空间和程式日渐讲究起来,形成了专以品茗相聚的"茶宴""雅集"。品茗活动成为中国古代文人生活的重要内容,其中蕴藏着文人墨客所探求的精神境界与雅致生活,也是其诗文创作的重要题材。

诗人们终日书茶相伴,爱茶、嗜茶,创作的不少诗歌都提及了茶器、茶具。比如白居易的《山泉煎茶有怀》,"坐酌泠泠水,看煎瑟瑟尘。无由持一碗,寄与爱茶人。"元稹的宝塔诗《茶》中有"碾雕白玉,罗织红纱。铫煎黄蕊色,碗转曲尘花。"另外,皮日休的《茶中杂咏》十首和陆龟蒙的《奉和袭美茶具十咏》对后世影响也很深远。两组茶诗包括茶坞、茶人、茶笋、茶籝、茶舍、茶灶、茶焙、茶鼎、茶瓯、煮茶各十首,几乎涵盖了茶叶制造和品饮的全部,系统、形象地描绘了唐代茶事,对茶叶文化和茶叶历史的研究具有重要意义。

唐代茶风日炽,开始出现以茶会友的文化活动——茶宴,即茶会。关于茶宴最早的正式记载见于中唐时期。大历十才子之一的钱起,喜欢办文人茶会,他曾与赵莒办了一场竹林茶宴,以茶代酒,聚首畅谈,并写成了《与赵莒茶宴》一诗,描绘的是竹林茶会的雅静啜茗场景。

两宋时期，茶已不仅是大众生活必需品，也是文人优雅生活的必备。插花、焚香、挂画与品茗被合称为生活"四艺"。宋时流行点茶，众多诗词大家都对饮茶布席情有独钟，写下众多脍炙人口的诗篇。李清照的《晓梦》词云："翩翩坐上客，意妙语亦佳。嘲辞斗诡辩，活火分新茶。虽非助帝功，其乐莫可涯。"诗人亲自为客分茶，大家忘情畅谈，其乐融融。杜耒在《寒夜》中写道："寒夜客来茶当酒，竹炉汤沸火初红。"寒夜邀客，围炉饮茶，促膝谈心，更显深情厚谊。陆游《喜得建茶》中有："故应不负朋游意，手挈风炉竹下来。"苏轼在《汲江煎茶》中写有："大瓢贮月归春瓮，小杓分江入夜瓶。"民间亦盛行"斗茶"与"茶百戏"等活动，如范仲淹的《和章岷从事斗茶歌》和杨万里的《澹庵坐上观显上人分茶》等诗词里都对其有生动描写。

明清时期的文人墨客也喜欢饮茶于花间竹下，抚琴吟诗唱和、书画对弈遣兴，以示风雅。唐寅的茶诗《雪》："竹间冻雨密如麻，静听围炉夜煮茶。嘈杂错疑蚕上叶，寒潮落尽蟹爬沙。"文徵明的《是夜酌泉试宜兴吴大本所寄茶》，"白绢旋开阳羡月，竹符新调惠山泉。地炉残雪贫陶谷，破屋清风病玉川。"清朝汪士慎《幼孚斋中试泾县茶》条幅中云，"一瓯瑟瑟散轻蕊，品题谁比玉川子。共向幽窗吸白云，令人六腑皆芳芬。"

古时煮茶和饮茶通常分开两处，那时的茶席主要指饮茶的空间。历代诗文中有许多对品茗茶席茶境的描写，文人们或结庐松竹之间，或倚青林之下，或花间月下，烹茶品茗，茶境高雅。从现存古代诗词中，我们无法全面窥视古人茶席全貌，但文人热衷于自然山水间饮茶，以天地为席，置身于自然环境中，意为天地物我合而为一，呈现一种返璞归真的意境之美和对自由人生的追求。

二 茶书中的茶席要求

元明清时期，茶的饮用方式更为简单，茶文化更加深入市民阶层，茶馆、茶楼广泛兴起，以茶为媒，重在人际交往的茶会活动更加普遍。明代文人尤其重视品茗环境，对品茗环境的讲究达到了高度自觉，在众多专业茶书中都有著说。

文震亨在《长物志》中强调，品茗要"构一斗室，相傍山斋，内设茶具，教一童专主茶役，以供长日清谈，寒宵兀坐。"

徐渭在《徐文长秘籍》中指出，适合饮茶的环境："茶宜精舍、云林竹灶、幽人雅士，寒宵兀坐，松月下、花鸟间、青石旁，绿鲜苍苔，素手汲泉，红妆扫雪，船头吹火，竹林飘烟。"

屠隆的《茶说》列举了四时饮茶和不同环境、茶席配置的作用："若明窗净几，花喷柳舒，饮于春也。凉亭水阁，松风萝月，饮于夏也。金风玉露，蕉畔桐阴，饮于秋也。暖阁红垆，梅开雪积，饮于冬也。僧房道院，饮何清也。山林泉石，饮何幽也。焚香鼓琴，饮何雅也。试水斗茗，饮何雄也。梦回卷把，饮何美也。古鼎金瓯，饮之富贵者也。瓷瓶窑盏，饮之清高者也。"

许次纾在《茶疏》中要求品茗环境是："心手闲适，披咏疲倦，意绪梦乱，听歌闻曲，歌罢曲终，杜门避事，鼓琴看画，夜深共语，明窗净几，洞房阿阁，宾主款狎，佳客小姬，访友初归，风日晴和，轻阴微雨，小桥画舫，茂林修竹，课花责鸟，荷亭避暑，小院焚香，酒阑人散，儿辈斋馆，清幽寺院，名泉怪石。"他还专门列明茶席的具体摆置为："小斋之外，别置茶寮。高燥明爽，勿令闭塞。壁边列置两炉，炉以小雪洞覆之。止开一面，用省灰尘腾散。寮前置一几，以顿茶注茶盂，为临时供具，别置一几，以顿他器。旁列一架，巾悬之，见用之时，即置房中。斟酌之后，旋加以盖毋受尘污，使损水力。炭宜远置，勿令近炉，尤宜多办宿干易积。炉少去壁，灰宜频扫。总之以慎火防，此为最急。"

罗廪的《茶解》中说"山堂夜坐，手烹香茗，至水火相战，俨听松涛。倾泻入瓯，云光飘渺。一段幽趣，故难于俗人言。"

冯正卿的《岕茶笺》分别列出适宜饮茶和饮茶禁忌："茶之所宜者，一无事，二佳客，三幽坐，四吟咏，五挥翰，六徜徉，七睡起，八宿醒，九清供，十精舍，十一会心，十二赏鉴，十三文僮。""饮茶亦多禁忌，一不如法，二恶具，三主客不韵，四冠裳苛礼，五荤肴杂陈，六忙冗，七壁间案头多恶趣。"他的观点对现代茶艺及茶席设计都有很好的借鉴意义。

三　古画中的茶席

在古代绘画中，亦可以窥见宫廷、家居、室外吃茶的诸般风雅。画作中常常可见茶桌雅玩罗列，炉、壶、盏等一应俱全，蔚为精致，亦有现代茶席上常见的插花、用香等。让我们且看看古时文人茶会的仪式感。

唐代画家周昉所作的《调琴啜茗图》（图1-1），描绘的是唐代仕女弹琴饮茶的生活情景。全图共有五位仕女，重点表现一位红衣仕女坐在园中树边石凳上弹奏古琴，旁边侍女端着茶托恭候。画中三位坐在庭院里的贵妇在两位侍女的伺候下弹琴、品茶、听乐，表现了贵族妇女闲散恬静的享乐生活。两位侍女和品茗贵妇手中的茶器亦为典型的唐代煎茶器具。

唐代绘画《宫乐图》（图1-2）描绘了宫廷仕女品茗赏乐的夏日休闲场景。画面中央是一张大型方桌，后宫嫔妃、侍女十余人，围坐、侍立于四周，团扇轻摇，意态悠然。方桌中央放置一只大茶釜（即茶锅），右侧中间一名女子手执长柄茶杓，正在将茶汤分入茶盏。她身旁的宫女手持茶盏，似乎听乐曲入了神，暂时忘记了饮茶。从画中可以看出，茶

❶ 图1-1 〔唐〕周昉《调琴啜茗图》 纳尔逊艺术博物馆藏

❷ 图1-2 〔唐〕佚名《宫乐图》 台北故宫博物院藏

汤是煮好后放到桌上的，之前备茶、炙茶、碾茶、煎水、投茶、煮茶等程式由侍女们在另外的场所完成；饮茶时用长柄茶杓将茶汤从茶釜盛出，舀入茶盏饮用。茶盏为碗状，有圈足，便于把持。这是典型的"煎茶法"场景，也是唐代宫廷中茶事昌盛的佐证之一。

　　宋元时期，点茶茶艺流行，画作中的器具也随之发生明显改变。宋徽宗赵佶的《文会图》（图1-3）是宋代点茶茶席的代表画作。宋徽宗一生爱茶，常在宫廷以茶宴请群臣、文人。该画作描绘的正是其以文会友、品茗赋诗的场景。园林中雕栏环绕，树木扶疏，绿影婆娑，经年的老柳古槐下，文人们铺陈巨案，案上的盘碟果品、茶

图1-3 〔宋〕赵佶《文会图》 台北故宫博物院藏

食香茗排列有序。九名文士雅士围桌而坐，案旁坐饮者、交耳相语者、顾盼者、持具侍者共十八人，是文人雅士品茗雅集的盛大场景。《文会图》中人物姿态生动有致，并对园林、家具、服饰、发式、茶事器具等事物的细节描绘得十分细腻。从图中可了解到，宋时文人茶宴与珍馐、插花、音乐、焚香等融为一体，所用茶具都是北宋时期才出现的，为欣赏者打开了一条直观历史真相的通道，真正体现了"以图证史"的功能。

宋代点茶茶席在南宋画家刘松年的《撵茶图》（图1-4）和《茗园赌市图》（图1-5）里均可见。前者以工笔白描手法，展示了贵族官宦之家文人雅士茶会品茗论艺的风雅场景和高洁志趣，真实再现了宋代点茶时从磨茶到烹点的全过程；后者为宋代民间街头茗园"赌市"斗茶的生动场景。

《撵茶图》以工笔画的形式描绘了一场文人雅集品茶、赏画的生动场面，再现了磨茶、点茶、挥翰、赏画的文人雅士茶会场景。画幅左侧有一人磨茶，一人点茶；左前方一仆役骑坐在长条矮几上，右手正在转

图1-4 〔宋〕刘松年《撵茶图》 故宫博物院藏

图1-5 〔宋〕刘松年《茗园赌
市图》 台北故宫博物
院藏

动茶磨磨茶；一仆役伫立桌边，右手提汤瓶，左手执茶盏，欲待点茶。画幅右侧有三
人：一僧伏案挥翰，两文士旁坐观赏。整个画面布局闲雅，用笔生动。

  《茗园赌市图》被视为中国茶画史上最早反映"民间斗茶"活动的作品。画卷场
景似街头，共有八人：左侧三个茶贩，一人注水点茶，一人举杯品茶，一人准备离
开；旁边两人相对而立，一人举杯品茗，一人手提茶壶，似乎在等待评价；右侧有一
挑茶担者，放下担子观看斗茶，担内放着汤瓶、茶盏等茶具；旁有拎壶携孩的妇人，
一边向前走一边回头看斗茶。画幅中人物形象生动逼真，将街头民间茗园"赌市"的
情景描绘得淋漓尽致，是研究宋代茶事的宝贵资料。

  宋元时期，表现民间茶叶买卖和斗茶情景的画作还有元代画家赵孟𫖯的《斗茶
图》（图1-6）。该画是茶画中的传神之作，画面中四茶贩在树荫下进行"茗战"（斗
茶），人人身边备有茶炉、茶壶、茶碗和茶盏等用具。左前一人一手持茶杯，另一手
提茶桶，神态自若；其身后一人一手持一杯，另一手提壶，呈将壶中茶水倾入杯中之
态；另两人站立在一旁注视。斗茶者把自制的茶叶拿出来比试。

  明代的饮茶方式改为简便的泡茶法，茶席总体风格也从唐宋的繁复趋向隐逸清
静。明代人的茶书茶画众多，为后人了解明代茶会茶席提供了非常直观的资料。最著
名的当数明代"吴门四家"沈周、仇英、文徵明、唐寅的画作。

文徵明的画作《惠山茶会图》（图1–7）记叙了一场以茶会友、饮茶赋诗的场景。画面中的人物，或坐于泉亭之下，或列鼎煮茶，或山径信步。画卷中两位高士并坐于井亭之中，一人凝神观水，一人展卷赏玩。亭旁，一文士刚至，正似向井栏边两士拱手问礼。茶桌上列汤瓶数支，桌边方形竹炉上置有茶壶，有二童以篝火烹泉。画面右侧远处两人漫步对谈，一书童回首张望二人，似引二人迤逦行来。画面山石层叠，松柏掩映，众人物形神兼备，仪态洒脱，既展现了暮春时节山林的幽深佳美，又反映了文人生活的闲情雅致。

❶ 图1–6 〔元〕赵孟頫《斗茶图》
　　台北故宫博物院藏

❷ 图1–7 〔明〕文徵明《惠山茶会图》
　　故宫博物院藏

文徵明另一画作《品茶图》(图1-8)展示的是明代泡茶茶席。画中茅屋正室内置矮桌,主客对坐,桌上只有清茶一壶,茶杯两盏,相谈甚欢,侧尾有泥炉砂壶,童子专心候火煮水。画上端题七绝诗,末识:"嘉靖辛卯,山中茶事方盛,陆子傅过访,遂汲泉煮而品之,真一段佳话也。"

唐寅的山水人物画《事茗图》(图1-9),描绘了文人学士悠游山水间,夏日相邀品茶的情景,其茶席为典型的泡茶法茶席。青山环抱,林木苍翠,溪流潺潺,参天古树下,有茅屋数间,屋内一人正聚精会神倚案读书,书案一头摆着茶壶、茶盏等诸多茶具,靠墙处书画满架。边舍内一童子正在煽火烹茶。舍外右方,小溪上横卧板桥,一人缓步策杖来访,身后一书童抱琴相随。画卷上人物神态生动,环境幽雅。

图1-8 〔明〕文徵明《品茶图》及局部 故宫博物院藏

清代画家钱慧安的《烹茶洗砚图》（图1-10）中呈现的，则是典型的清代文人茶席。画中主人公置身苍松掩映之下的水榭中，凭栏远眺，给人以高雅脱俗之感。琴案上摆放着一张瑶琴，旁边的图书、茶具、鼎彝、赏瓶一一陈列，井然有序。院中两个小童，一小童正蹲在石阶上，小心翼翼地刷洗一方石砚；另一小童正站在火炉边烹茶，红泥小火炉上架着一把东坡提梁壶，炉边还放有一个色彩古雅的茶叶罐。此情此景，正画出了名联所描绘的意境："洗砚鱼吞墨；烹茶鹤避烟。"

❶ 图1-9 〔明〕唐寅《事茗图》 故宫博物
　　院藏

❷ 图1-10 〔清〕钱慧安《烹茶洗砚图》
　　上海博物馆藏

第三节 茶席设计的特点

茶道是一种以茶为媒的生活礼仪，也被认为是修身养性的一种方式。茶席设计是茶人以茶叶、茶器等为载体进行的艺术创作，也是将茶道精神贯穿全程的艺术实践。茶席设计，具有实用性、综合性、艺术性和生活化的特点。

一 实用性

茶席最初的目的是实用。茶席是以茶为核心，以茶具为主体，具有实际冲泡、品饮的功能，又富有浓厚的人文色彩和美学欣赏价值。因此，所有茶席器具首先都必须满足习茶的功能，需考虑整个泡茶的情境、茶席对象或人数要求等，在器型、材料、摆放位置上都能实际操作，且方便、适合实践者使用。华而不实、无法实际使用的茶席不是好的茶席。此外，茶席设计还受限于茶席空间的材料、格局方向等条件，必须从实用性和操作性出发，同时运用美学创意，将茶、器、人融为一体，才能创设极富诗情画意的品饮之境。

二 综合性

茶席设计是一种具有创意的、综合性的艺术设计。所谓艺术设计，就是将艺术的形式美感应用在与日常生活紧密相关的设计中，这是人类社会发展过程中物质功能与精神功能的完美结合。茶席设计的外在形式是丰富多样的，是涉及一系列茶、器、物、境等元素搭配的多种艺术与茶事的综合体，链接着人与茶、人与器、茶与器、器与境、人与境等诸多元素，各具特色，又集合成一，表现一个鲜明的主题。每一件器物，都不是刻意地"摆"，而要精心地"布"。

茶席是茶人特有的语言，寄托了茶人的理想，琴、棋、书、画，每一件器物的选择都代表一个意象，寄托一种情思，经过精心造型或布局成就足具叙述能力的茶境，彰显一种文化魅力，传递一种精神力量。一壶一盏，体现山高水长的文化况味；一字一画，蕴含林泉高致的人生境界。每一种器具的颜色、形制、温度与质感，象征着茶人不同的心境与对茶的诠释，每次不同的组合成席，看似自由，实则是茶人不同的表达，都是与宾客的对话交流。鉴赏者只有用心体会，才能解密此时此境下繁复的器花香画中独具的茶汤之隽永。

三　艺术性

茶道是一门以现实生活为基础的品饮艺术。中国文士七件宝，"琴棋书画诗曲茶"，茶通六艺，可以醒诗魂，添画韵，增书香；六艺助茶，琴棋书画诗曲花香等各种艺术形式，形成了中国茶道艺术史上非常独特的现象。艺术性也是茶席设计区别于其他生活方式的重要特点，是茶席审美的基本要求。

茶席设计是茶人构建茶、器、物、境的审美空间，必须建立在美学基础上，需要合理的空间设计及和谐的色彩搭配，才能创造出一个舒适优雅的环境。茶人精心设计、营造主题氛围，挑选精美的茶具，选择合适的茶席饰品、铺垫物、挂画、屏风等，并在特定的空间范围内确定各个物品适当的位置和组合形式。茶席不是将茶品、茶器、插花、焚香、挂画以及相关工艺品简单地堆叠，而是根据茶席的主题，结合审美趣味，进行必要取舍选择，将其善巧地排列组合，兼顾实用进行搭配、布置、创意、协调，使之前后、左右、高低错落有致，整体和谐雅致，令人赏心悦目，具有艺术的美感。

茶席之美，美在情志，美在意境，美在综合的器物感官。一席一世界，一茶一乾坤。每个茶席都自成一幅画，由画入境，幽远宁静，古典雅致。从艺术形态看，一款茶席里，有茶，有器具，有插花，有诗画。作为一种独特的茶文化空间，在茶席有限的空间中，无论是一壶一杯，还是一香一花，一桌一布，都能小中见大，表达无限蕴意的美学空间，即所谓方寸之间，即见天地。品饮者享受的不仅仅是一杯茶，而是可以调动视觉、味觉、嗅觉、听觉、触觉，充分感受和领悟创作者的艺术素养、茶道之美和茶道精神。

四　生活化

　　茶是艺术的，也是生活的。茶为国饮，琴棋书画诗曲茶，是文人生活的再现；柴米油盐酱醋茶，是普通百姓生活的写照。林语堂先生在《生活的艺术》中说道："无论到哪里，只要有一杯茶，中国人都是快乐的。"可以说，一个知传承、懂生活的中国人，没有不会饮茶的。爱茶之人必是具有生活情趣的人。近几年来，"围炉煮茶"成为一种时尚，饮茶早已脱离单纯的生理需要，走向了社交、心灵慰藉、疏解情绪等层次。起一炉炭，煮一壶水，挑选一方席布，选择合适的茶，摆一只盏，插一枝花，焚一炷香，置一趣物……茶席带给茶人的不仅有四时节序景致，自然光影倏忽，更有茶汤啜苦咽甘的无限回味。

　　茶席是以茶为主体、茶器为载体，并结合插花、品香、茶具艺术、茶空间设计为一体的生活美学。它赋予生活以仪式感，渗透了浓厚人文色彩和美学价值。在茶人的生活中，一壶一杯为席，天地自然亦为席，三五知己可成席，礼乐香花雅集亦是席。茶席是以茶为媒介，融合东方美学和人文情怀的艺术空间，是优雅健康的生活方式，具有相当的审美情趣和仪式感。

　　总之，茶席是身与心灵的栖息之地，暗藏着茶的生活态度和审美情操，是生活的艺术，也是艺术的生活，是关于茶的最惬意的领悟和享受。

第四节　茶席的美学原则

茶道是关于美的学问，也是展示美的艺术。茶道是发现美、追求美、崇尚美、表现美的过程，无美，则茶道荡然无存。茶席则是茶道美学实践的重要呈现，无论是从审美角度还是功能角度上看，茶席都是茶事活动中举足轻重的部分。茶席既关乎茶，亦关乎人，还关乎器物，动静之间展示每一个元素的美，让人体悟到人与茶、人与器物、人与自然的联系和茶人的用心。茶道的人文之美，茶事与美学的结合，都集中体现在茶席之上，尽显本真之美、中正之美、质朴之美、和谐之美和雅致之美，使人精神愉悦，感情纯正，心灵平和。

茶席的审美体验是一种综合的感性活动。从审美对象看，构成茶席的六要素是人、茶、水、器、境、艺，包括绘画、音乐、诗歌、雕塑、插花、香道、空间设计等。从审美主体看，茶席是人的眼、耳、鼻、舌、身、意等多种感官共同参与的过程：眼观其色，耳听其乐，鼻嗅其香，舌品其味，身受礼仪，意合其境，涉及味觉之美、视觉之美、听觉之美、触觉之美等多方面，从而获得综合的、直观的审美体验和多重审美效应。

如何判断一组茶席是否符合茶道的基本原则与标准？从审美的维度看，可以用"洁、静、正、雅"四个字来概括，即茶席应符合洁、静、正、雅的四个审美原则。

一　洁

"洁"，是茶席审美的基本前提。"洁"的意义有三层：首先是干净、洁净之意。无论是整体茶席之境，还是茶席中的主角——"茶"，都要干净整洁、洁净无垢，甚至一尘不染。席不洁，则不美，茶无洁，则不清。茶性本洁，韦应物赞其"性洁不可污，为饮涤烦尘"，林语堂也说"茶是凡间纯洁的象征，在采制烹煮的手续中，都须十分清洁。"

茶席布置，从室内外环境到茶席主体器具、配饰，都须保持整洁。其次，"洁"也指不多余，茶席崇尚简洁之美，每一个器物的搭配、配置都恰到好处，都是必要的存在。再者，器物的"去尘为洁"可以引申为茶席的布置者除去内心的杂念，通过去除身外的污浊达到内心的清净、纯洁、纯净，敬重、认真、诚挚，安于当下。凡事"心诚则灵"，每一个器物的选择摆放，都包含布席者诚挚的用心，饱含感染力，欣赏者通过体验静置的席和演示的动作，感受、体验并带来心灵的洗涤。如果过于随意散漫，心不敬不诚，则难以创造出一个理想的茶席、茶境。

 二　静

"静"，是茶席审美的必由之路。茶是走心的饮品，茶席亦需静品才能传神、得意、入境，实现超越。作为泡茶和喝茶的平台，茶席以器为体，以茶为魂，将茶道艺术与生活艺术融合在一起，是茶人理想的文化居所和诗意的栖息地，是塑造精神家园、提升审美情趣的实践。茶文化作家王旭烽教授精辟地概括"茶席是在有边界的空间领略无限之美"，茶席是"人类关于茶的惬意的领悟和享受"。

茶席的审美，与其他艺术形式一样，都重在意境的塑造与传达。意境表达的深邃程度，决定其审美格调的高低。一个被赋予了审美意义的茶席，凝聚着物象和意象的审美，这不仅是对茶席实用功能的提升，也是修炼身心、返璞归真的需求与选择。茶席的美，不是枯燥刻意的形式美，而是对茶味、茶韵、茶意、茶境合乎功能性的诗意表达，体现出茶的诗意美、画面美，情景交融，移情共鸣，方能让人赏心悦目，神驰物外。

茶道的根源在中国传统文化，茶席设计中茶境之美的构建饱含着"虚实相生"的审美意境，是中国传统美学思想的重要应用。美学大师宗白华先生认为："虚、实、有、无"是一切美学构成的原理，虚与实是艺术表现中含蓄的表达方式之一，艺术创作的过程首先是写实，然后是传神，最后达到妙语的境界。茶席中的煮水器、泡茶器、茶壶、茶盏、插花、席布、滓方等，一器一物构成茶席的"实"，是立体的、可触摸的实物。茶席的"虚"，一方面表现在茶席的合理留白与疏密对比上；另一方面表现为由器物的组合、摆设以及多种艺术形式共同营造的茶席的韵味、精神内涵和思想表达。茶席的"实"衍生了"虚"境，由实入虚，虚中含实，纷呈迭出的象外之象整体生成茶席意境，以追求意的优雅和境的深邃，这是茶席美学的重点。

所谓的"器以载道"，说的就是茶席器物的选择和设计，蕴含着茶人的一种精神，有着无穷的文化魅力与意涵，只能通过人的视觉与情感体验感知到。"欲达茶道通玄境，除却静字无妙法。"这种茶席意境的隽永、沉敛和对生命智慧的启示，需要参与者静心体味，才能领悟得到。

所以说，静是明心见性、洞察自然、反观自我、体悟大道的无上妙法，也是茶道修习、茶席实践的必经之路。《荀子·解蔽》说："虚一而静"；静能养心，静能生慧，静能悟道。品茶乃静心之举，一招一式，有条不紊；茶席是布席者内心的镜子，映照的是布席者的内心，布席者须平心静气，气定神闲，应和茶的自然本性，展现一种静气，如此才能引导席间的宾主暂时摆脱俗世喧嚣，进入身心清静、恬澹恰适的自在境界，真正实现茶人合一、天人合一。

总之，茶席之静，绝非静止不动，而是动静结合，动中蕴美，静中含智。静则明，静则虚，静可洞察明鉴。善于静观，能在静中观察世间诸种现象的根源；善于静思，可透过纷繁现象把握生活的本质；善于静悟，才能了悟人生的真谛，领悟真正的哲理。

三　正

"正"是茶席审美的必然要求。茶席之境崇尚中正、平和与均衡协调之美，不宜过度张扬、怪异。这里一方面强调布席者心之"正"，另一方面强调茶席器物的整体平衡协调之美和茶境中的人之端正沉稳之美。《礼记·大学》列举了"格物、致知、诚意、正心、修身、齐家、治国、平天下"八个环节，其中，承上启下的就是"正心"，心之"正"是"修身、齐家、治国、平天下"的基础。同理，在茶席实践中，做到心正，席才正。

"正"在茶席实践中有四层意义：一是指身体端正。人是茶席意境展示的重要组成部分，茶席之美包含茶境中人之美。茶境中的人应做到头平、身正、臂曲、足稳。头平是为了保证视线的平正，既不过高，也不太低；身正是指身体端正，不偏不斜，且随着冲泡流程的变化而自然移动；臂曲是指手臂做到沉肩坠肘，游刃有余；足稳是指无论坐或者站，都要站如松、坐如钟，端正沉稳。二是指公正、公平。所谓"茶汤面前人人平等，茶汤面前公道自在。"茶席器物中的公道杯，主要用于调和茶汤的颜色、浓度及分量，茶水均匀，就隐含了茶席面前公平待人、无所偏私的道理。三是指正直。《吕氏春秋·君守》注："正，直也。"做人要有正直之心，此心乃是万行之本，茶人更应如此。茶者应以虔诚、纯直、真诚的心来修学、布席、处事，不可形顺心违，自欺欺人。四是指中正。至中为正，至正为中，不偏不倚，符合"中庸"之道。朱熹《四书集注》说："中者，不偏不倚、无过不及之名；庸，平常也。""中"是正道，"庸"是定理，意思是做任何事情都要合乎常理，恰到好处。"中道"是一种美学理念，茶席实践中泡茶需要讲究火候分寸，恰到好处，一招一式都强调过犹不及，"欲速则不达"，器物摆设讲究平衡协调，搭配合理。如茶席上的插花，不宜过于鲜艳夺目，应使花韵隐隐透出。

四　雅

　　"雅"是茶席审美的外在体现。自古以来，君子尚雅。荀子在《荣辱篇》中说："譬之越人安越，楚人安楚，君子安雅。"宋徽宗则以茶饮倡导一种雅尚风气："缙绅之士，韦布之流，沐浴膏泽，熏陶德化，盛以雅尚相推，从事茗饮。"

　　茶为天赋灵叶，是高洁素雅、清新超俗的象征。潜心修习茶道者，受其滋养与熏陶，常与棋琴书画为友伴，耳濡目染，久之必离俗去庸，生活清雅，举止轻舒。雅者有三种：心雅者，心有雅意，思想纯净；口雅者，口出雅言，谈吐谦和；行雅者，行为高雅，举止得体。雅是一种内在的气质，一种洒脱的风度，它不是矫揉造作的故意作秀，而是率性纯真的自然流露。

　　"雅"是茶席审美的充分表达，体现的是文化、修养、品位。茶席是以人为本，借茶器育化茶汤，以茶盏为桥梁，将主客置身于温馨素雅、清新如画的茶境中。茶席设计将茶、人、物、境等各种雅趣融为一体，形成文化意韵，体现一定的修养品位。其中，茶是雅物，泡茶是雅事，茶者是雅士，饮茶是雅趣，茶道是雅修，茶席是雅境。在茶席中，每一件茶器具，每一个局部都是整体的组成部分。茶叶、茶水、茶器以及茶室中的一切，包括人、人的动作、水的声音等，都被视为美的艺术品，它们协调一致组成一个静雅纯美的世界。

综上所述，茶席研习者领会了"洁、静、正、雅"的审美原则，便可在茶席设计中得以贯彻：以"洁"体现对茶、对客、对己的恭敬心；以"静"学会内省自修，静中生慧；以"正"保持事茶的"中正之气"，以"雅"为茶席设计出具有独立气质、人文韵味的茶席之"格"。茶席研习者便可以茶席为媒介，引导人们在美的享受过程中完成品格修养，以实现和谐安乐之道。

第二章

茶席的基本要素

第一节 以茶品为核心

茶席的核心是茶席上所用的茶品。我国的茶可以分为六大茶类，每一茶类又可以根据产区、工艺及特征的不同，做进一步的细分，从而构成了纷繁复杂的茶叶体系。茶，应是茶席设计的首要选择。因茶而产生的设计理念，往往会构成设计的主要线索。

实际上，每一款茶都有自己独特的味道和内在气质，其冲泡方式方法也各有不同，茶道师首先需要理解茶品的性格特征，包括外形、颜色、香气和口感等，选择与之相匹配的茶器、席布、茶点等元素来设计组合，让茶与器物、人和空间发生微妙的融合，最大限度地将茶汤的味觉用人的各种感官呈现出来，这便是茶席设计的根本宗旨。

不同的茶品需要搭配与之相称的茶器。不同材质的茶器对茶汤口感的影响也会有所不同。致密度高的茶器，如瓷器、玻璃器、朱泥类器皿等，透气性不佳，但吸热和散热较快，不夺茶味，适用于不发酵茶类。例如冲泡绿茶，可以选用敞口的瓷器盖碗，散热和出汤迅速，滋味会有更佳的表现；还可以使用玻璃杯或者玻璃（盖）碗，观察绿茶在冲泡过程的轻盈体态。若是单枞这类高香型茶品，可以使用朱泥壶、盖碗这类器皿进行冲泡，散热快且可以聚香。在冲泡普洱、红茶、岩茶这类发酵茶类时，使用紫砂更为合适，紫砂是介于陶器和瓷器之间的材质，有一定的透气性和吸水性，没有瓷器散热快，有利于呈现发酵茶的韵味。

不同的茶要选择适合的人来品饮。茶席是构建事物之间联系的载体，茶与人是最为紧密的一种联结，茶汤因香气、色泽、口感影响一个人的感官体验，从而发生微妙的心理变化，所以在举办茶会和设计茶席之前，需要确定茶与人的关系。如果宾客是年轻女性，那么在选择茶品时则不宜使用重发酵或者焙火较高的品类，轻发酵、高香型或者花茶会更合适，呈现出青春烂漫之感。如果是阅历丰富的长者或是资深茶客，那么选用岩茶、普洱则更能彰显其品味。如果是特定的茶品品鉴，可以直接根据茶品特性来选择和设计茶席及茶席空间（图2-1）。

不同的茶品可以选择和设计与之气质相匹配的空间环境。空间环境可以是室内，也可以是室外的园林山水（图2-2）。若是绿茶，那么选择在青山绿水的室外环境中更能使宾客体悟到大自然的气息。若是普洱，在室内打造沉稳朴素的茶席或是处于古朴的建筑景观之下，可以尽显其历经岁月沉淀的痕迹。

❶ 图2-1　根据茶品设计茶席及空间

❷ 图2-2　室外茶席空间

以茶具为主体

从茶叶演变的历程可以看到，随着茶叶品种、制作工艺、品饮方式等方面的变化，所使用的茶具也在随之变化。唐代饮茶是先将茶叶做成饼状，要喝的时候拿出来在火上烘烤，茶饼在烘烤后颜色会变成红褐色，烹煮后的茶汤也是偏红褐色，并有些浑浊，用白瓷看汤色会不好看，因此使用青瓷更为合适，所以有"越瓷青而茶色绿"的说法。

宋代点茶，以茶筅击拂茶汤产生白色泡沫，白色泡沫在黑色茶碗里才能有更好的衬托，所以建盏更为流行。明代开始流行散茶冲泡，制茶技术不断提高，汤色清亮，白瓷更能衬托出美丽的茶汤。茶器，是茶品的居室，也是茶席设计的主要表达方式。所以茶席设计者需要了解各种茶具的性质与功能，以便在设计时恰如其分地将其合理运用，创作出一幅雅致精美的茶席。

一 主泡器

紫砂壶

中国饮茶之风兴于唐，盛于宋。在明代，中国茶文化出现了重大变革，明太祖朱元璋下令废止龙凤团茶，命令惟采芽茶以进。由此，团茶烹煮法日趋式微，散茶冲泡法盛行开来。适应这种变化，宜兴紫砂壶能尽得茶之色香味，颇受茶人喜爱，最终成为雅俗共赏的茶具。周高起在《阳羡茗壶系》中说："壶供真茶，正在新泉活火，旋瀹旋啜，以尽色香味之蕴。"明末茶书《岕茶笺》中也说："茶壶以小为贵，每一客，壶一把，任其自斟自饮，方为得趣。何也？壶小则香不涣散，味不耽搁。"他认为茶壶就应该小，客人多又何妨，一人一把小茶壶，自斟自饮，在保证茶汤色味俱佳的同时，还能锁住茶香，让客人更加轻松自在。

宜兴紫砂壶泡茶既不夺茶真香，又无熟汤气，能较长时间保持茶叶的色、香、味。紫砂壶具有比较高的气孔率，有透气性佳的优点。因其造型古朴别致、气质特佳，紫砂壶经茶水泡、手摩挲后会变为古玉色而备受人们青睐（图2-3）。

紫砂壶在茶席上颇为适用，它的包容性极强，造型富有古韵，颜色深沉不轻飘，作为茶席中的主泡器非常合适。首先，紫砂泥料可以"发真茶之色香味"，提升茶叶的品饮体验；其次，紫砂壶小巧精致，容量适中，比较容易控制茶叶和水的比

① 图2-3　紫砂茶壶1　益工坊出品

② 图2-4　紫砂茶壶2　益工坊出品

例，易于把握茶叶的出汤时间。再者，它的颜色容易与茶席上其他色彩形成对比与呼应，是主角，但又不会过于出挑（图2-4）。

日本民艺大师柳宗悦曾在书中提到，唯有茶人的出现，才将杂器永远变成美丽的茶器。正是因为明清茶人对功能和美的追求，才创造出多样的紫砂文化，创造出百余款经典紫砂壶造型，成为中国茶道艺术的一道独特风景。

盖碗

盖碗又称"三才碗""三才杯"，它由盖、碗、托三个部分组成，盖为天、碗为人、托为地，暗含天地人和之意。盖碗多由瓷制成，瓷土上釉烧成后致密度高，没有吸水的问题，能很好地呈现茶叶的香气；同时盖碗泡茶的另一个优点是出汤快速，可以控制出汤时间和出汤量；再者就是盖碗的重量相较于紫砂壶、玻璃、陶制品要轻很多，轻便舒适，这些都是现代茶人普遍喜欢用盖碗的原因。

由于盖碗的普及，茶席上经常出现它的身影。盖碗在形制上可变化的空间不大，但在釉面和装饰上则比紫砂壶丰富得多（图2-5）。

可根据茶品、茶会主题、个人心境等挑选带有不同装饰的盖碗进行烘托。另外，在选择盖碗时需要注意是否适合自己，太小或者太大，都影响泡茶体验。男士因其手掌较大，可以选择体量稍大或是敞口较宽的盖碗，这样在泡茶时使用更舒适，同时手掌与盖碗的比例也会更协调。女士则适合选择小巧一些的盖碗，可以更多地衬托出灵动之感（图2-6）。

图2-5 文山套组 益工坊出品

二 煮水器

饮茶方式的几经转变使得煮水器也在不断地创新发展。各式各样的煮水器层出不穷，其外观、材质和功能的不同，在茶席上会产生不同的审美感受。

唐代的饮茶方式是以煮茶、煎茶为主，据相关史料记载，当时的煮茶器有茶鍑、茶铛、茶铫、茶鼎等。此时的煮茶器多为敞口，可以较为清楚地观察烧水的情况。如《茶经》中描述的"鍑"就没有盖子。即便是在现代，也能看到茶铫的身影，只是其原先的煮茶功能已经转变成以煮水为主（图2-7）。

宋代的煮水器主要有茶铫、急须、汤瓶等。宋代以点茶为主要饮茶方式，在点茶过程中使用较多的是汤

图2-6 盖碗冲泡

图2-7 煮茶

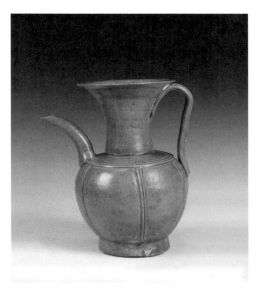

图2-8 〔宋〕刻团花纹堆线青瓷汤瓶

图2-9 银壶（勤思堂）

瓶，汤瓶是专门用于点茶的煮水、注水器物（图2-8）。蔡襄在《茶录》里说道："瓶，要小者，易候汤，又点茶、注汤有准。黄金为上，人间以银、铁或瓷、石为之。"汤瓶至今也依旧被广泛应用在茶会、茶席设计当中，其材质和造型的巧妙变化，还为茶席增添了美感。

到了明清时期，随着散茶冲泡的流行与发展，饮茶方式变得更加简约自然。唐宋时期的煮水器逐渐被陶瓷、银器和锡器所取代。高濂在《遵生八笺》中提到："茶铫、茶瓶，磁砂为上，铜锡次之，磁壶注茶，砂铫煮水为上。"时至今日，煮水器更加丰富多样，有银壶、铁壶、砂铫、紫砂壶、不锈钢壶、耐高温玻璃壶等多种材质，本书着重介绍几种适合冲泡茶叶的煮茶器。

银壶

在煮水泡茶时，很多人首选银壶（图2-9）。明代许次纾在《茶疏》中写道："茶注以不受他气者为良，故首银次锡。"首先是因为它的材质，银能够抑制细菌，用银壶煮水不会产生其他异味，可以起到活水的作用，因此煮出的水甘甜柔软。其次是它导热较快，水可以快速煮沸，使用方便。陆羽也在书中承认用银器煮水煮茶最佳：（用银）"雅则雅矣，洁则洁矣。若用之恒，而卒归于铁也。"除了煮水银壶，还有容量偏小的银制泡茶壶，小巧精致，倒茶时更加轻便，不会显得过于笨重（图2-10）。

银壶外观明亮，洁白体轻，具有较强的光泽感和包容感，造型普遍具有古典美，使用后的包浆发银红色，十分耐看，放置于茶席中作为点睛之笔再适合不过了。

图2-10　银制泡茶壶

锡^器

锡制品在中国古代便应用到人们日常生活器具当中，锡器自古就流传有"盛酒酒香醇，盛水水清甜，贮茶色不变，插花花长久"的美誉。锡与银一样，具有抑制细菌的作用，同时不易氧化。所以即便是到了现代，我们还能较多地看到锡制酒具、茶具等出现（图2-11）。

图2-11　石楳款朱坚刻梅花题诗锡壶　故宫博物院藏

锡罐在现代茶生活中的应用更为广泛，因茶叶品种的不同，有些茶叶需要在低温、干燥、无氧气、不透光、无异味的环境下保存，锡有很强的抗腐蚀能力，并且能够很好地保存茶叶的香气。同时，因为材质及工艺特点，锡罐具有良好的密闭和防潮功能，起到茶叶保鲜的效果，故自古以来都是存茶佳品。锡器虽然没有银器那么靓丽，但是却透着古朴的味道，灰亮的颜色能够自然地融入茶席中，增加茶席的层次感。

铁^壶

铁壶煮茶，在陆羽《茶经》中早有描述。在第四章"茶之器"中，就有"鍑，以生铁为之，今人有业冶者，所谓急铁。""鍑"用以煮水烹茶，是铁壶最早的原型。陆羽认为煮茶最理想的材质是铁制品，因铁器恒久耐用，质地朴素且容易得

❶ 图2-12　日本茶道具

❷ 图2-13　铁壶（勤思堂）

到，陶瓷与石制的煮茶器也很雅致，但陆羽更为推崇使用铁制品。随着唐朝饮茶文化流传到日本，当时煮茶的釜也随之传入日本。日本茶釜便是沿用了唐代鍑的造型（图2-12）。

日本江户时代，随着饮茶方式的改变，煎茶道开始盛行，在茶釜的基础上逐渐演变出铁瓶，即加上注水口和把手，用来泡茶，煮水、倒水。清理釜底变得极为容易，铁壶随之诞生。

古朴厚重的铁壶一直深受爱茶人的追捧，因其材质含有铁离子，在一定程度上可以起到软化水质的作用，另外其造型古朴，在茶席上能够给人一种沉稳端庄之感（图2-13）。

陶壶

陶壶的材质主要含砂和陶土，受制作工艺的影响，其壶壁不太薄，所以市面上看到的陶壶大多偏沉。但也正是因为其材质特性，使得陶壶具有很多优点：其一是可以改善茶汤厚度，让茶汤更有汤感、滋味更醇厚；其二是壶壁较厚，具有一定的保温效果；其三是颜色多为质

❶ 图2-14　红泥陶壶（勤思堂）
❷ 图2-15　耐热玻璃壶（勤思堂）

朴的白色、红棕和黑褐色，易于茶席上的搭配。像潮汕地区的砂铫，就有着"红泥小火炉"的诗意，在茶席上呈现出质朴素雅的味道，在空间层次上增加了茶席的错落感和美感（图2-14）。

耐热玻璃壶

耐热玻璃壶是现代工业发展的产物，主要使用高硼硅耐热玻璃材料制成，可放在电陶炉上直接加热，煮茶倒水方便且实用，深受现代茶人的喜爱。另外，若是煮茶，通透的玻璃可以更好地呈现纯亮茶汤，利于欣赏汤色，给茶席增添动人的色彩（图2-15）。

三　品饮器

茶杯虽然小巧，但在茶席上发挥了主要功能，是品饮品鉴不可或缺的元素。在设计茶席时，茶杯是重要角色，它的形态、颜色、容量、数量等都影响着整体布局。茶道师在设计茶席时，需要同时考虑茶杯和主泡器的关系，冲泡什么样的茶叶适宜选用什么样的杯型和陶瓷品类，对应茶会主题又应该选择什么样的茶杯来搭配更为巧妙等。

茶杯并不是一开始就出现在历史舞台上的，是在不断演变中进化出来的。时至今日，茶杯（茶盏）已经是日常生活中的重要器物，是连接饮者和主泡者最为直接的媒介。一盏茶汤里包涵了席主的用心之处，多日的准备，择茶、择水、择火，都是为了一盏完美的茶汤。这茶汤，就要通过茶盏来传递，来搭建起通往彼此心灵的桥梁。在茶席中，茶盏的地位仅次于主泡器。

白 ^{瓷杯}

明代最为著名的茶杯便是甜白瓷，这种白瓷多薄到半脱胎的程度，能够光照见影，根据质感分为很多种，如雪白、乳白、象牙白、珍珠白等。定窑白瓷的白就偏象牙白，白中带有微黄色调，颜色质朴有韵味。德化白瓷又称玉瓷，因烧成后质地油润透亮，视觉上如同白玉，纯净高雅，因此得名。

白瓷在茶席上的使用频率非常高，它白润的颜色具有很大的包容性，可以和任意茶品、茶具、茶席进行搭配，不会显得突兀，像是国画里的留白，给人以无限遐想的空间（图2-16）。

图2-16 白瓷杯

青 ^{花杯}

在元代，烧制青花瓷已经拥有较为成熟的技术，青花瓷器的盛行成为明、清两代瓷器生产的主流。青花瓷所用的钴料在烧成后呈蓝色，具有极强的着色力，发色鲜艳，蓝白相间具有特殊的美感（图2-17）。它是日常器具与艺术完美结合的产物，可以通过不同的装饰来表达不同的主题，在茶席上的应用也是备受茶道师们的喜爱，经典耐看，易于搭配。

斗 ^{彩杯}

斗彩在明清文献中被称为"窑彩""青花间装五色"，属于釉上彩与釉下彩相结合的一种技艺，它在图案与颜色的表达上较青花更为丰富（图2-18）。但也正是因为它的丰富性，在茶席搭配时需要注意主次关系，搭配的席布、主泡器、壶承等不宜选用装饰性较强的风格，否则会使整个茶席变得松散凌乱，分不清主次，重点不突出。

图2-17　青花杯　益工坊出品

图2-18　斗彩杯　益工坊出品

❶ 图2-19　红釉杯

❷ 图2-20　各类颜色釉茶杯

颜^{色釉杯}

我国颜色釉中，最为主要的是红、蓝、黄这三大类，像红色系里还包含了郎红、霁红、豇豆红等品类（图2-19），蓝色系里包含了霁蓝、天蓝等品类。这些颜色釉杯是茶席搭配的好帮手，因为在视觉上都是以整体色块出现，所以只需注意颜色搭配，便能设计出让人眼前一亮的茶席（图2-20）。

玻^{璃杯}

伴随着玻璃材料和工艺的不断发展进步，近几年，玻璃茶具已成为一个大的茶具品类，各式各样且极具设计感的玻璃茶具让人眼前一亮，通透的、磨砂的，等等，各具特色。玻璃自古以来都给人一种清新自然之感，容易打造出柔美、晶莹剔透的茶席作品（图2-21）。

图2-21　玻璃杯

四　匀茶器

匀茶器，通常被称为"公道杯"，取其公平均匀之意，也被称为匀杯，更为平易亲切。公道杯有不同的形态和材质，展示着不同的美。作为承载茶汤并分送给嘉宾品饮的主要器皿，匀杯一是要实用，不烫手，出水顺利，断水干净；二是形状要"低调而优雅"，若一只匀杯色泽、形状比主泡器还要醒目，会产生喧宾夺主的感觉。不同材质的匀杯配合不同气质的主泡器。匀杯一般置于主泡器左侧位置，注意杯口不能朝向客人。

五　辅助器

壶^承

壶承主要用来承载泡茶的主泡器，例如盖碗、茶壶等。壶承在茶席上起到承上启下的作用，没有它，整个茶席会显得轻飘没有重心，有了它，茶席会具有稳重感和丰富的层次感（图2-22）。

壶承的形状和材质多种多样，可以根据茶席的主题、茶具使用等方面进行搭配组合。它主要用于衬托主泡器的美，为整体茶席营造稳重感，所以在壶承的选择上，不宜太过花哨，不能喧宾夺主。壶承过大，容易使主泡器显得没有存在感；壶承过小，

❶ 图2-22　壶承

❷ 图2-23　叶形壶承（后朴）

在空间上会显得局促小气；壶承过高，会在视觉上呈现出不稳定性，影响整体茶席美感和席主泡茶的心境（图2-23）。

杯托

杯托，在古代称为茶船、盏托等。用杯托搭配茶杯，在防烫的同时又可以保持茶席的洁净，并且杯托可以保护茶杯，使之不易倾斜磕碰，以免茶汤洒落。再者，杯托也增加了茶席上的仪式感和美感，席主双手持托奉茶于客人，表示了对客人的尊重，同时也让人更加珍惜眼前这杯茶（图2-24）。

随着饮茶方式的不断变化，杯托的品种也越来越多样，有瓷、陶、紫砂、竹、木、金、银、铜、锡等材质，形状以简约风格为主，这样可以搭配和烘托茶杯的造型，增加表达的寓意，在茶席上也是较为独特的点缀，尽显茶席端庄之美（图2-25）。

① 图2-24　杯托1（后朴）

② 图2-25　杯托2（后朴）

③ 图2-26　茶则

④ 图2-27　荷叶茶则

茶 ^则

茶则在现代泛指茶匙、茶荷的组合。茶则主要用于放置单次用茶的器具，可以对茶叶的条索形状、颜色、芽头等进行观察，也方便茶客们互相传递鉴赏茶叶。待鉴赏完毕后，茶则还可作为将茶倒入主泡器的工具使用，在这个过程中增加了茶会的乐趣与仪式感（图2-26）。

茶则的材质有竹、铜、铁、金、银等，现代还出现了琉璃、亚克力等材质的茶则，时尚感十足。茶则的使用，在形状、材质、颜色设计上可发挥的空间很大，茶道师可以根据主题、配色等大胆尝试，为茶席增添美感、艺术感。除了这些人工制作的茶则，也可在大自然中选择合适材料来充当茶则，如树枝、树叶、花瓣等，可根据茶席或者茶会主题等自行选择，以增加茶会乐趣（图2-27）。

建 ^水

在使用干泡法的茶席中，建水（也称为"水盂"）是用来承接润茶、温杯的水和剩余的茶水、茶渣的器皿。干泡法免去了过多的淋壶过程，令席面干爽整洁，节约用水。在器型上，由于建水身形小巧，使用方便，易于搭配和平衡茶席布局，现已成为茶席上的必备品。在形制上有带盖和不带盖之分，盖子一般带有镂空装饰，这样在倾倒废水时，可直接将茶叶与水分离。

在建水的选择上，需要根据茶席上已经选定的物品进行搭配，经常摆放在茶席的边缘处，便于倾倒废水和茶渣。同时，建水是具有重量感的器皿，可以起到均衡茶席的作用，所以在大小和材质的选择上，不宜太过张扬而夺了其他器皿的风采，显得茶席的一头偏重而失去整体的平衡（图2-28）。

茶 ^巾

现在茶巾的材质多为棉麻制品，颜色质地都较为质朴，吸水效果好，便于及时清洁茶席上的水渍和擦拭茶器。在设计茶席时，需要注意茶巾的颜色不宜花哨，避免过于张扬而扎眼，可以与茶席布颜色做同类色，稍微有一些颜色的变化即可，或是使用单纯的黑白灰色做中间色。在材质的选择上，宜选择棉麻类，最好不使用丝绸等较为贵重的材料充作茶巾，过于华丽且不实用（图2-29）。茶巾有两种折法，分别是三折法和四折法，一般放置于左下或者茶桌正下方位置（图2-30）。

图2-28　建水

图2-29　现代各种材质的茶巾

花^器

花器的材质以陶、瓷、铜、铁、琉璃、竹木等居多。不同材质的花器可以根据花材情况、茶会主题或场合、茶器的使用等进行挑选搭配，可以给人不同的审美体验。现代茶席设计中，在花器的选择上更加自由，凡是能够与茶席进行搭配的，例如一截树干或树枝、烧瓷匣钵、竹篮、碗、盘，又或者是茶杯等，都可以充当茶席上的花器。

如何选择花器呢？

首先，注意花器的造型。中国传统花器造型丰富，有觚、琼式瓶、梅瓶、纸槌瓶、玉壶春瓶、胆式瓶等造型（图2-31），觚和琼式瓶的造型，稳重端庄，清秀优雅，适合搭配梅兰竹菊这种寓意清雅的花材。纸槌瓶和胆式瓶的器型，整体轻巧，可以选择枝条较长的花材进行创意，向上拓展茶席的空间感。明代张德谦在《瓶花谱》中有记载："春冬用铜，夏秋用磁，因乎时也……贵磁铜，贱金银，尚清雅也。"从一个方面说明了在选择花器时需要注意的地方。

现代茶席中应用比较广泛的还有盘、盆、洗等形制花器及花篮。这类花器边口开阔，能展现水面的清透感，可选择水生且柔美类花卉进行搭配，例如兰草、菖蒲、马蹄莲这类花材，使茶席增加灵动性。花篮因其材质特殊，可以

图2-30 茶巾的摆放

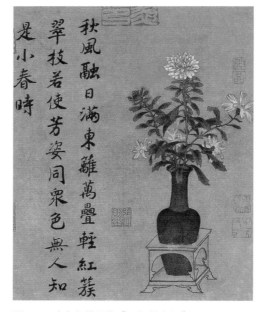

图2-31 〔宋〕姚月华《胆瓶花卉图》

选择杜鹃、山茶、红梅等山野味道浓郁的花卉进行搭配，适合在户外茶席设计上的应用。

其次，需要考虑花器的大小。花器是协调茶席平衡的元素之一。在选择花器的同时，还要考虑茶席的整体大小、比例。如果茶席比较大，可以选择体型饱满、较为高大的器型；如果茶席不大，可以选择精致小巧的花器，而不适宜选择过大、过高的花器，否则会使得茶席失去平衡。

再次，便是花器的颜色。可以选择单色釉面，例如天青、月白、白色、祭蓝等传统经典色系，易与茶席搭配，但同时也要考虑整体茶席的用色，与其形成统一的整体（图2-32）。一般情况下，浅色的花器，可以配深色的花；深色的花器，可以插浅色的花，从而形成对比，比如黑色的花器，可以插入白色的马蹄莲。就色彩协调看，素色的细花瓶可以配淡雅的菊花；釉色乌亮的粗陶罐，可以配浓烈的大丽花；浅蓝色的水盂，可以插粉红色的雏菊。

图2-32　花器颜色搭配

铺垫，是指在茶席设计中铺在桌面或地面上的席布，是铺垫在茶事器具之下的布艺类或其他质地物的统称。铺垫，为茶叶冲泡、品茗提供一定的辅助作用，其功能主要是防止各类茶器直接接触桌面等质地较硬的平面而发生磕碰，或是发出不悦耳的声响，同时可以灵活移动和收纳，并可以参与茶席设计的整体规划之中。目前，应用较为广泛的是干泡茶席。

1. 席布与主题立意

席布的质地、款式、大小、色彩、花纹，应根据茶席设计的主题和立意，运用各种手段合理使用。席布犹如广阔大地，它承载着茶席上所用的器具，对主题的表达和氛围的烘托，起到不可估量的作用。

2. 材质与形状

从材质上看，席布可分为织品类与非织品类，前者包括棉布、麻布、化纤、蜡染、印花、绸缎等（图2-33），后者包括竹编、草秆编、纸编、石铺等。从形状看，席布可分为正方形、长方形、三角形、椭圆形、不规则形等。可见，席布的大小、质材、颜色花纹等千变万化，棉麻、丝绸、绣品、书法纸张、玻璃、芭蕉叶等都可以在茶席上尝试使用（图2-34），好的席布搭配会增加茶席的观赏与品饮乐趣。

图2-33　不同材质的席布

3. 席布的选择

可以根据茶会的主题、季节的不同以及空间情况等因素选择不同材质、颜色的席布进行点缀或搭配，但搭配席布的颜色不宜过多，建议二至三种颜色即可，否则会干扰整个茶席的视觉效果，产生凌乱感。

图2-34　荷叶做席布

4. 席布之间的搭配

将席布与席布进行搭配时，需要着重考虑色彩搭配、材质关系等。席布之间的颜色对比不宜太强烈，可使用低纯度的同类色、对比色等进行搭配，温和的颜色变化会带来较为细腻的视觉感受，同时不会影响茶器具的风采（图2-35）。

5. 席布与茶器的搭配

将席布与茶器进行搭配时，如果器具材质颜色偏淡雅，则席布颜色不宜过于浓烈，否则会喧宾夺主，在视觉上影响其他茶具。如果选用颜色鲜艳的席布，则搭配一些材质和颜色较为厚重的茶具。由此，通过颜色的对比使茶具在鲜艳的席布上不会显得轻飘，同时又可以使茶具更为突出（图2-36）。

❶ 图2-35　席布搭配1

❷ 图2-36　席布搭配2

第四节

以茶点为点缀

茶点是指饮茶过程中用以佐茶的一些分量较小且制作精致的食物，包括点心、小吃，甚至时令瓜果等。中国作为礼仪之邦，自古以来就有以茶待客的传统，饮茶易消食，容易产生饥饿感，所以经常在待客过程中为客人准备一些配茶的点心，一方面用来果腹，防止"醉茶"；另一方面可以增益茶味。

在古代，茶点被称为果子或者茶果。早在唐代，喝茶搭配茶点的习惯便已养成，唐玄宗曾作诗"四时花竞巧，九子粽争新"，柿子、荔枝等都是茶宴中的亮点。到了宋代，茶点的应用则更为广泛，各种宴会、茶会场合都会用到茶点，在宋徽宗赵佶的《文会图》中便能看到茶点的身影（图2-37），茶宴席面上摆放着各式各样的茶点，十分丰盛。宋代《大金国志·婚姻》中记载："婿纳币，皆先期拜门，……，次进蜜糕，人各一盘，曰茶食。"说明当时金人在宴会上饮茶时也必须搭配糕点，并且把这类糕点命名为"茶食"。《东京梦华录》中记载的茶点也数不胜数，如荔枝膏、梅子姜、杏片、生腌水木瓜等。

明清时期的茶果茶点，是茶馆的必备，且品类十分丰富。茶果有柑子、金橙、红

图2-37 〔宋〕赵佶《文会图》（局部）

菱、荔枝、马菱、橄榄、雪藕、雪梨、大枣、荸荠、石榴、李子等。至于茶点，因季因时各有不同，品种繁多，有饽饽、火烧、寿桃、蒸饺、冰饺、果馅饼、玫瑰擦禾卷、艾窝窝、芝米面枣糕、荷花饼、乳饼、玫瑰饼、檀香饼等。

日本茶道文化中的和果子，也是颇具唐代饮茶文化的遗风，日本和果子的制作原材料虽然简单，基本上以砂糖、葛根粉、豆沙、糯米等制作而成，但是贵在设计精巧，还会为其取一些雅致的名字，例如"锦玉羹""霜红梅""春霞"等，每一个和果子都像是艺术品，带来美妙的视觉盛宴（图2-38）。

图2-38　日本虎屋和果子

图2-39　中式茶点（勤思堂）

中式茶点发展到今天，品类极为丰富，大致可以分为坚果、糖果、糕点、瓜果等四类。它们经常出现在茶席之上，不同的茶需要搭配不同的茶点，否则会影响茶汤的口感，违背品饮的初衷。

其一，根据茶叶品类来搭配。白茶、绿茶口感偏清淡、微苦，可以搭配带淡淡甜口的茶点，例如绿豆糕、山药糕等。红茶口感本身偏甜且浓郁，适宜搭配带酸味的茶点，例如话梅类、果干蜜饯等，或是像英式下午茶一样搭配蛋糕类食品。普洱茶滋味厚重，可以搭配坚果、肉脯等带油性、高蛋白质的食品。乌龙茶味道比较浓郁，则适合搭配花生、瓜子这类偏咸的坚果。

其二，根据不同的季节或者节气来搭配。一年分四季，春、夏、秋、冬，按照传统医学理论，春季宜养阳气，避风寒、养脾胃，可以多食性甘的食物，可配以适量的蜜饯、葡萄干、红枣等，或配以樱桃、香蕉等。夏季烈日炎炎，茶点茶果则以生津止渴为好，可选择西瓜、番薯、杨梅、圣女果等，糕点类则选择绿豆糕、薄荷糕、凤梨酥等（图2-39）。

秋季养生则以滋阴润燥为主，主要以苹果、柿子、柑橘、龙眼为好。冬季则应适当增加食物的营养与热量，在茶点选择上，以坚果类如核桃、板栗、碧根果等为宜，水果则以猕猴桃、山楂、橙子、木瓜等为宜。

其三，茶点需要根据茶会或茶席主题做搭配设计，其名字、颜色、形状、味道应与茶品、茶席相呼应，和谐搭配，在提升茶席的美感的同时，让宾客用眼睛、口腔，甚至是用耳朵去享用它，烘托茶味，愉悦心情，为茶席起到锦上添花的作用（图2-40、图2-41）。

❶ 图2-40　不同造型的茶点

❷ 图2-41　茶点

第三章

主题与构思

第一节 茶席设计的主题

茶道的宗旨是"惜茶爱人",茶席设计也是如此,以人为本,以席为媒,从功能走向审美,从生活走向艺术。茶席设计通过布席者对器具、茶、花、香等技艺层面的精确把控,对茶席宾主的人文关怀,展示内在精神格局和情趣格调,且极具人文精神。茶席的创作,类似绘画或文学艺术作品的创作,所有的素材和布局都在于表现主题。

所以,茶席不单是一种综合艺术,也是人与物、人与人情感交流的平台媒介。茶席就像一面镜子,映照的是茶人的内心。要设计出能够打动人心的茶席,最核心的要素就是确定好茶席的"主题"。因为只有主题确定,才能根据主题实现茶席器物要素的选择和搭配,做到主题鲜明,意象清晰突出。否则,器物选择标准不一,结果必然散乱无序,或落于摆设刻意,茶席也无法真正打动人。那么,茶席的主题如何确定?需先思考以下几个方面的问题。

一 茶席目的

此席为何而设?为谁而设?何时设席?何地设席?只有想清楚了这些问题,才会对自己的茶席设计有一个清晰的方向。如同一篇文艺作品或绘画作品,作者写作或绘画前内心都有明确的主旨或主题,面对一大堆素材才有撷取的标准,文章组织的形式和绘画的表现手法也都围绕这个目的和中心而来。对茶席设计而言,则可以从设席的目的、服务对象、季节时令或表达突出目标的不同,设置不同的主题。通常来说,茶席是某个茶空间或茶会的重要组成部分,此时,茶席一般须契合其应用的具体场合,如茶会或空间的主题,可以纯粹为茶而设,可以为突出某类器具而设,可以为突出美的意境而设,还可以为表达突出茶的种类而设,如为碧螺春设计茶席,为铁观音、红茶、普洱茶设计茶席。如果只是自己设席,展现茶席的美学理念,完全可以按照自己的意愿设置茶席,重在表达自己。

二　茶席对象

茶席的服务对象和受众不同，茶席的主题应有所不同。前文所讲的"惜茶爱人"的理念，涉及最多的是对受众的关爱，这是茶席设计的特别之处。因为，茶席之汤不仅仅是泡给自己喝的，茶席设计创作必须具有利他的思想，具有实际的人文关怀。茶席设计不仅要考虑茶器具摆放功能性，即席主和受众在使用器具时方便、实用，还要考虑茶器的美观性。

席主布置茶席尤其注意受众的身份、情趣、爱好，设计妥帖而不张扬，贴合场景的茶席，才是最好的茶席，才能融入整个茶会的情境中。比如2016年，大益集团在北京举办"茶席边的智慧"主题茶会，因宾客是来自全球各大高校哲学院的教授，席主也是专为此次茶会培训的哲学硕士和博士，茶席设计则突出"哲思"的主题。因此，茶席设计不能单从自我需求出发，将茶席作为自我炫技的道场，而是以人为本，充分考虑受众对象，实实在在地呈现在具体空间中，彰显茶席的动人魅力。

三　时间地点

茶席设计的主题跟季节时令、布置的场所地点紧密相关，一定要根据季节、地点、参加者和养生的角度来选择不同季节茶席的茶叶种类。不同的季节，有不同的寒温燥湿，有不同的花开花落，更有不同的茶饮。根据一年四季设置不同的茶席，也是当下最热门、最典型的茶席生活方式，一季一席，让受众感受到四时之美，融于自然，或根据不同的季节时令的变化，举行颇具仪式感的养生活动。

根据季节养生也是茶席人文关怀里特别重要的概念，体会自古以来的养生之术，也让茶席变成一种具有人文趣味的生活美学。冬天，茶人们会选择普洱茶或乌龙、红茶，因为顺应冬季"宜藏养"的自然规律，这些茶性较温暖，可以在寒冷的季节调养、温暖饮者的身心。此时的茶席主题就可在此基础上确定。茶席主题若以季节为标的，展现春夏秋冬四季景致，茶席的设计往往选择当季特征明显的器物入席，或者配以适合时令的平衡身心的茶品和音乐。茶人在不同节气里，感受不同的茶境，感受大自然赠予的这片灵叶带来的无限美好。

四 茶会的主题

明确了茶席的目的和应用场合，下一步就需要思考茶席主题。茶席的主题是茶席的中心，是茶席的灵魂所在，也是承载设计者内心和想要表达的主旨所在。茶席的主题是丰富多彩的，可以是某款经典茶品，可以是纪念某个事件；可以是表达对生命的感悟，可以是具有宗教色彩的，可以直接以亲情、友情、爱情为主题，也可以是以音乐、书画等艺术或者四季、节气等具体时令为主题。

茶席的成功设计，包含了对主题的精准提炼。主题既要鲜明、精炼，又要含蓄有内涵，留下想象的空间。不可夸大其词，故作高深，也不能过于平庸，毫无韵味。茶席中各种元素不是简单地堆叠，而是根据茶席的主题，按照一定的美学法则将其排列组合，协调统一。失去这个主旨，茶席器具配饰等各元素的选取就失去了核心与灵魂。

以上四个关键的问题明确了，茶席的主题也就基本确定了，下一步是如何围绕中心主题选择茶席器具组合的素材，以及如何组合搭配的问题了。

第二节 茶席设计的题材

茶席是涵盖人、茶、器、物、境的美学空间。茶席通过丰富多样的形式，在特定氛围的空间中，让事茶者从布席、泡茶的过程中体味茶的美好；让饮茶者从精心选择的茶品、器具、花器、插花、用香中，通过一种综合的审美体验，引向对茶与人的尊重、珍惜和对生命的热爱。

茶席的主题明确后，需要选择契合主题的茶品、茶具、席面、配饰、茶点、空间设计等几大元素和题材，并进行恰到好处的搭配，创造出无限的美的意象，让人在泡茶、品茶、造境的过程中，感受立体的美的意境。

一 以茶品为题材

茶品是茶席设计中的主要元素之一。茶品作为重要的题材，其运用是否恰当，将直接影响茶席的主题定位，影响茶席设计的整体结构。

中国的茶叶丰富多样、种类繁多，有黄、红、绿、黑、白、青六大基本茶类，又有各种再加工茶类，如药茶、花茶、袋泡茶等。每种茶类因其产地、特性、外形、工艺等的不同，又可以进一步划分。茶席设计，当然需要根据每种茶的独特属性进行构思，也可以直接以茶类的名称作为题材，比如西湖龙井、庐山云雾、恩施玉露、正山小种、九曲红梅、东方美人、六安瓜片、白毫乌龙、易武正山等。通过茶品，把与之相关的典故、历史、风俗、文化、传说、品饮方式等作为题材进行设计。

二 以茶人为题材

关于什么是茶人，有不同的看法。茶人可分为三个层次：其一是专事茶业的人，包括专门从事茶叶栽培、采制、生产、流通、科研之人；其二是与茶业相关的人，包括茶叶器具的研制，以及从事茶文化宣传和艺术创作的人；其三是爱茶之人，包括广大的饮茶人和热爱茶叶的人们。无论如何，真正的茶人，会有一种使命感、责任感、荣誉感，要让茶道的理念在社会中传播，让社会安定和谐，百姓安稳快乐。

茶席设计，茶人是必不可少的题材之一。古往今来，爱茶的人比比皆是，上至王公贵族，下至平民百姓，乃至文人墨客和僧侣道士。从历史看，茶人的范围非常广泛，其中不少属于文化名人，如知名学者、诗词大家、艺术大师或高僧大德。他们爱茶敬茶，与茶结下了不解之缘。他们为茶写诗，为茶写文，举办茶会，以茶会友。茶是他们生活中不可或缺的一部分，是他们快乐的源泉，如唐代的李白、杜甫、白居易、卢仝、陆羽、皎然、韦应物、钱起、皮日休、陆龟蒙等，宋代的赵佶、蔡襄、苏轼、丁渭、黄庭坚、曾几、文彦博、梅尧臣、欧阳修、文天祥、叶清臣、范仲淹、陆游、杨万里、周必大等，明清时期的朱权、文徵明、顾元庆、张岱、田艺蘅、张源、许次纾、屠本峻、罗廪、张大复、冯可宾、袁枚、郑板桥等。陆羽鉴水、文徵明竹符调水、东坡种茶……这些文人墨客与茶之间故事，是很好的茶席设计题材，需要茶人认真查阅相关资料，并在茶席中灵活运用。

不仅古人可以作为茶席设计的题材，现代茶人也可以。现代茶人中有不少默默耕耘、不求名利、孜孜不倦、为茶付出的专家、学者和企业家们，他们从不同角度为整个茶产业、茶科技、茶文化作出了杰出贡献，用自己的实际行动诠释了真正的茶人精神，比如吴觉农、范和钧、李拂一、王泽农、陈椽、庄晚芳、陈宗懋、张天福、吴远之等。

三　以茶事为题材

生活是艺术创作的源泉。茶席设计作为一种独特的艺术表现方式，其反映的内容必然与生活相关。生活中的各种事件以及历史事件，都可以成为茶席设计的题材。任何一个事件的发生，必然有特定的时间、地点、人物，以及事件产生的原因、发展与结果等。某些特别重大的事件，往往成为某个阶段、某个时代的标记，人们纪念它，常常能够引起思想的共鸣和情感的宣泄。

陆羽在《茶经》中专门列举了"七之事"，将唐代以前的各种与茶相关的历史事件进行了一次较为完备的归纳和整理。所以，茶席中所表现的茶事，一定是与茶相关的内容。

而茶席所表现的历史事件，不可能像其他艺术方式如电视、电影、戏剧等那样全方位地生动呈现，只能通过茶事器具的组合排列，来象征某种精神内容。茶席的呈现方式，更多具有象征意义。从唐代煎茶、宋代点茶，到明清冲泡，都是如此。一只"兔毫盏"，一把"汤提点"，再配上一个"茶筅"，就可以成为宋代点茶的代表。所以，茶席设计通常需要一定的文案，需要设计者来解读一下其中所蕴含的寓意。这样就能够让观赏者领略设计者所要表达的核心思想。

四　以季节为题材

以季节的变化为题材，来进行茶席设计，也是较为常见的一种形式。茶席的季节感，应时而动。茶味、茶韵、茶意、茶境，合乎功能性的诗意表达，正所谓"景无情不发，情无景不生"。人的精神与四时变换一同流转着，在一杯茶里，达到天人合一。

茶人通过不同的季节变化，春、夏、秋、冬来进行相应的茶席设计，使得茶席具有浓厚的生活气息，更为真实。比如春季是万物复苏的季节，茶席设计应该以春天为主题，通过布置鲜花、绿植等元素，营造出春天的氛围，让人们感受到春天的美好。夏季茶席，多以绿、蓝、白、米等浅色调为主，棉麻质地为佳，选用清简素雅的白瓷盖碗或温润的草木灰釉盖碗为主泡器，搭配玻璃杯或者白瓷杯，营造出一方夏日的清凉。秋天是收获的季节，也是叶色斑斓最美的季节，恰好枯黄的叶片自然掉落，黄灿灿的颜色非常适合这个季节的茶席。一枝红叶，一串野果，都是茶席上的盎然灿烂。菊花是秋季茶席的隐士，除此以外，桂花、芙蓉、火棘、红枫、红蓼、无名的野果等，都有着浓郁的清秋况味。冬天的茶席，需要通过插花、茶汤、茶器的色调、席布、茶境等方面，营造出温馨与关怀。让人从孤寂中看到明媚，从萧条中窥到春色，从积雪中望见春水，从寒冷中觉知春意。

除了四季茶席，还有二十四节气茶席设计，也是值得茶人挖掘的题材。二十四节气是我国传统民俗，也是我国重要的文化遗产，反映了天气、季节、气候等变化规律。二十四节气以春夏秋冬为节点，每个季节以六个节气为主题设计六道茶席，如立夏、小满、芒种、夏至、小暑、大暑等，通常对不同的节气，民间传统有不同的解读。设计时需要仔细学习领略相关的知识点，结合茶品、茶具的特点，来构思出独特的茶席。

五 以儒释道等传统文化为题材

中华传统文化，可谓源远流长又博大精深。在漫长的发展演变过程中，儒、释、道三家思想文化既各具特色，相互独立，又互相融通，互相交流。中国的传统文化精神基本上是由儒、释、道三教精神及其影响组成的。这极大地影响和制约了茶文化的发展与走向，茶文化也在三教精神的共同影响与作用下形成体系，趋向成熟。在茶席设计时，儒、释、道等传统文化也是比较常见的题材。

道家文化中的"天人合一""道法自然"等哲学思想与茶文化相互碰撞、相互融合，不但为茶文化树立了茶道灵魂，还为茶文化提供了崇尚自然的美学理念以及养生茶道等思想。有的茶席直接以"蓬莱仙境""真味""坐忘""天人合一""百谷王"等来命名，就是借鉴了道家文化。

"中庸之道"是儒家学说的基本精神之一，中庸被看成是中国人的智慧，反映了中国人对和谐、平衡，以及友好精神的认识与追求。儒家认为中国人的性格就像茶，应该清醒、理智、平和。茶虽然能给人以一定的刺激，令人兴奋，但它对人总体的效果则是亲而不乱，嗜而敬之。儒家认为，饮茶使人清醒，可以更多地自省，可以养廉，可以修德。唐代刘贞亮曾总结过茶之"十德"，包括"以茶尝滋味""以茶利礼仁""以茶表敬意""以茶可雅心""以茶可行道"等。有的茶席设计就以其中一个方面为题材。古代诗词、书法中的典故、名句，通常也是茶席命名的重要依据，比如"人淡如菊""半壶秋水""东篱清事""玉京秋意""此中真意"等。古代文人在野外雅集，"引以为流觞曲水，列坐其次"，赏自然之景，享山水之乐。茶人设计茶席，可以"曲水流觞"为主题，体现出沉静内敛的文人情怀，优雅闲适的生活态度。这些都对设计者的文化艺术修养提出了很高的要求。

禅宗，是茶席设计的重要题材。禅文化是东方文化的精髓，茶文化与禅文化，融成为茶禅文化，是中华民族对世界文明的一大贡献。茶禅一味，茶味即禅味，禅味亦茶味。茶不仅为助修之本、养生之术，而且成为悟禅之机，显道表法之具。唐代赵州观音寺高僧从谂禅师，也称"赵州古佛"，他喜爱茶饮，到了唯茶是求的地步，因而也喜欢用茶作为交谈语。他留下了"吃茶去"的著名公案，"吃茶去"因此成为一个富有禅意的题材。而在设计禅意主题的茶席时，设计者常常用心表现"一花一世界，一叶一菩提"的禅意之美，营造一种孤寂、空灵、平和、清凉的境界。"无一物中无尽藏"，日月星辰，大地山河，一切草木，天地万物尽在其中。

第三节 茶席的文案创作

茶席文案即布席者主旨创意及策略思路的文字呈现，是茶席设计必备的"说明书"，也是创作者与欣赏者沟通的必要桥梁。方案创作时一般要求用简短而富有诗意的语言阐述作者创意和茶品、茶器（包括香、花、挂画、茶点等配饰）的搭配策划，茶席文案主要包含茶席名称、主题阐释、茶品器具选择及用意、结束语等部分。

一 茶席名称

好的茶席名称，是茶席设计成功的一半。好的茶席名称包含了对主题的高度概括，抓住茶席内涵精要，并以简洁精炼的文字，取其含蓄隽永之趣，或做含蓄表达，或做诗意传递，使人一看即可感知茶席的主题内涵，迅速感悟茶席思想，获得身心愉悦。

茶席设计的要领是主题鲜明，一席一主题，切忌庞杂。方寸茶席，集万家风采，是品茶、赏具、闻香、插花、挂画、听琴等多种艺术形式和构成要素的独特的文化空间，体现东方人文之美，这些多维的艺术展示，都围绕表现一个中心意图和主题。茶席的命名须根据主题，或直抒胸臆，或含蓄表达，切合意境。布席者可以从以下几个方面考虑。

一要突出主题，文字简洁精炼。茶席名称应集中体现主题，突出要表达的重点。对反映主题的名字，既要精炼简洁，又要准确概括，同时要意味深长。如果席名堆砌辞藻，或使用过多晦涩难懂的词语，读者不知所云，往往会破坏欣赏茶席的心情，无法进入状态。茶席命名与文学创作颇为类似，须讲究字词锤炼。例如王安石"春风又绿江南岸"中"绿"字的典故，最早是"到"，后改为"过"，后又改为"入"，由"入"又改为"满"，前后改了十几次，才定为"绿"字。体现了艺术创作的严肃的态度，一字一句，一笔一画都不"苟且"，茶席的命名创作亦如此。

二要新颖生动，情感丰富，易引起情感共鸣。新颖生动的席名往往感人至深，让人见题生情，情感就能受到触动，引发共情，引发热爱，引发某种好奇或疑问，触发人内心情感，感人至深。

三要表达含蓄，引发联想。茶席作品的立意深远，名称采用含蓄的手法表达，能给受众留下想象的空间，令人回味。茶席命名采用委婉、隐约的语言表达主旨，不一次性把内容全部"兜底"，如以时间、地名或场景等命名时，常常容易引发猜想，找寻典故或故事背后的故事，在茶席中找寻蛛丝马迹。

四要意境幽远开阔，富有诗意。茶席创作像是用实物作画，往往诗意盎然，席间的一器一具、一花一画，就是自带"意象"的素材，作者的情感融汇于器物之中，共同烘托作者内心丰富的情感。器物、香、花、音乐、灯光就是茶席空间特有的富有诗意的语言。茶席命名契合茶席意境而来，常常采用中国古典诗词来命名，或取诗词名篇一词半句作题，让人一下子就能抓住主体情感，融情于物，体会到茶席意境。

二　主题阐释

茶席是以茶和器物为素材的综合的艺术创作，以实化虚，重在表达创作者的内心情感和修行心境，是创作者内心的映照。每一次布席，都会有不同的体现形式，有些意象明显，有些意象隐晦，且这些器物折射的精神层面或生命层面的主旨，往往因欣赏者不同的学识、知识储备、艺术境界而有不同的理解，甚至引起曲解，故而主题阐释就成为茶席文案最重要的环节。主题阐释一般在文案标题之后，用简洁的文字将茶席设计的主题思想表达清楚。

茶席主题即创作者的立意，茶席的主要内涵所在，是茶席的灵魂，通常根据设席的目的、服务对象、季节时令或表达突出的标的不同而设置不同的主题，一席一主题，且主题鲜明突出，具有概括性和准确性。

主题阐释，在形式上还需注意结构条理清楚，逻辑合理，措辞优美，生动贴切。主题阐释要简洁，入题要快，语言还要文采斐然。一个作品的主题和艺术氛围能否打动人，是否具有艺术感染力，在内容方面最重要的标准是真情实感，情以物迁，辞以情发。主题阐释除了将由物而发的情感主题说清楚，其语言表达也有一定讲究，借助借景抒情、托物言志、以小见大等方法，运用衬托、联想、对比、映衬、象征、描写、抒情的语言表达方式，引用诗词、格言、名句等增加文采，多层次多角度地诠释主题，实现内容与形式完美统一的阐述。

生活是艺术的源泉，也是茶席创作的主要源泉。师法自然，师法生活，创作者于自然、于生活细微处触景生情，以茶席抒真情，以诗意传真心。"人有悲欢离合，月有阴晴圆缺"，自然规律中蕴含着人生常态与节奏，可用于茶席主题；"蝉鸣林逾静，鸟鸣山更幽"，自然生态中包含着动与静相反相成的艺术辩证法则，亦可运用于茶席主题；"冬天来了，春天还会远吗？"从茶里感知到春天，从孤寂中看到明媚，从萧条中窥见春色，从积雪中望到春水，从寒冷中觉知春意，品味人生温暖和希望，可为冬季茶席的要旨。宋代葛绍体有诗《洵上人房》："自占一窗明，小炉春意生。茶分香味薄，梅插小枝横。"布列了一个冬日独饮的清雅茶席，诗人独坐窗前饮茶，泥炉内炭火正炽，水沸点茶，茶香熏人，茶桌上一枝半开的梅花，横插在胆瓶里。宋代杜耒的《寒夜》中云："寒夜客来茶当酒，竹炉汤沸火初红。寻常一样窗前月，才有梅花便不同。"诗人以茶代酒，与寒夜来访的朋友相对而酌。窗外凄冷，寒月当空，梅花凭窗，屋内满室茶香，嘉友相伴，情意融融，宁静和悦，正是"悦来客满是茶香"，炙热的友情主题跃然席间。

每个爱茶人的心中都有属于自己的茶席，也有自己对茶的理解。明代张源《茶录》指出，"饮茶以客少为贵，众则喧，喧则雅趣乏矣。独啜曰幽，二客曰胜，三四曰趣，五六曰泛，七八曰施。"不论简约或华丽，或清雅，或古拙，茶席的高雅情调足以丰富和提升精神境界。于喧嚣尘世拥有方寸茶席，茶人以席之力量，与天地对话，与自我对话，于自然之境探寻人生之况味，发现生命之真谛。这才是布席的最大意义。

 三　器具的选择及用意

一杯一具、一碗一瓯，无不凝聚茶人心血，承载茶道精神。茶席文案在主题阐述后需列举茶品器具的选择及用意，将茶席中所用器物、结构布局、使用和制作的用意表达清楚，以更详尽地阐释烘托主题。器物一般不要求面面俱到，对特别用意之物可作突出的详细说明。

一方茶席天地宽，在不同季节、不同花卉、不同地点、不同器具、不同心情、不同的人一同品茶时，茶席呈现的趣味各有别致。各式器物之间不是干枯的罗列堆积，彼此间应保持气韵流动的相互映照，因境利导营造意境。为了表达创作主题，茶席器物主要包含茶、茶具、茶垫、插花、茶点、焚香、挂画、背景等，以不同的方式分列在主泡区、辅助区、备水区、延伸背景几大区域中，力求在有限的空间内表达无尽的意趣。

席间所有器物都须与茶席主题一致，按一定结构排列布局，配饰物件服务于主器物，在质地、造型、色彩等方面与茶席中的主器物相融，自然和谐，烘托茶席主题，展示一定的内涵。

茶席文案中对主器物的使用说明须交代寓意，点明与主题表现的关系，从质地、材料、形状、色泽、摆放位置、使用效果等角度做出说明；设计者精心挑选的每一件配饰类摆件常有独特的含意，如插花，通常借用所用花卉叶草的人格化寓意，寄托创作者特殊的情感，展现生命的绚烂，烘托意境。如冬日茶席常以梅为信，踏雪寻梅，席间暗香涌动。事实上，中国传统插花常用的梅兰竹菊都是有格调的花，代表文人们内心崇敬的一种精神，最适合装点提升茶席的品位。悬挂在茶席周边环境中的挂画，是书法和绘画作品的统称，除了陶冶心性、烘托美感外，还可直接点明茶席主题思想；"春有百花夏有月，夏有凉风冬有雪"，风花雪月，皆可入席，那些有特别内涵的风物，常以其精神、品格，温暖激励着人们上千年，并形成共识，茶席运用时可作特别说明。

四　结束语部分

结束语部分即全文总结性的文字，内容可表达茶席完成后的心愿，正文结束后，在尾行右部签署作者署名及文案写作日期。

茶席文案举例参考：
《陆羽茶会》茶席设计

设计主题〉
　　秋实

设计背景〉
　　时值勐海茶厂78周年厂庆之际，来自全球各地益友及大益三阶茶道师共赴勐海茶厂大益馆，共同参与了一场别开生面的盛大茶会——陆羽茶会。春发华，秋收实，于一席茶中取淡然心境。茶会以秋天为主题基调，对场地及茶席做了精心设计。

设计思路〉
　　《后汉书》中提到"春发其华，秋收其实，有始有极，爰登其质"。华意为花；实为果实；有始有极意为既有开始又有结束；质则为本质、实质。人生如同自然中的草木，春天生根发芽，秋天收获果实。顺时耕耘播种，才会有后面丰收的喜悦。作为茶人亦是如此，应修身律己，慎终如始，才能得道。
　　环境选择：茶会场地选择在勐海茶厂大益馆陆羽厅，庄严肃穆。茶席设于陆羽像下方，并使用重峦叠嶂图案的屏风作为茶席背景，意为茶人以陆羽为宗师，以陆羽为榜样，在茶道中不断精进自我（图3-1）。
　　器具方面，紫砂壶选用益工坊出品的秋硕，造型饱满，似成熟的果实，寓意秋天的丰收，也有吉祥之意。茶席布选用红色与浅米色搭配，代表秋天的风景，与紫砂壶色彩相呼应，同时也象征着茶人对茶的初心。壶承选用长方形金属材质，与紫砂壶形成曲线与直线、不同材质的对比，深色金属质感为茶席增添稳重感。品茗杯及公道均选用古法半透明磨砂琉璃，增加茶席质感和层次，代表着茶人内心的洁净（图3-2）。插花所用花材则选用茶花及茶树枝条来搭配，回归茶的本真，提亮茶席。茶点选用古法桂花绿豆糕（图3-3），顺时而食，衬托主题。

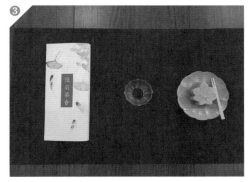

❶ 图3-1　环境选择

❷ 图3-2　器具选择

❸ 图3-3　茶点选择

第一节 茶席设计的艺术法则

茶席设计的艺术法则是什么？纵观历代茶席，从唐代注重实用功能的二十四器，到宋代审安老人的十二茶具，再到明清时期的六大茶类齐全，紫砂瓷器一应俱全。从古至今，可供选择的器物琳琅满目，五花八门，组合的方式各有不同，但始终无法摆脱一条总原则：与主题吻合，实现"美"与"用"高度融合，集实用性和艺术性于一体。

第一，以表现主题为主旨，讲究美与用结合。茶席即是以茶、以席为媒的生活美学，讲究体用两全。一个理想的茶席，首先是采用与主题相关的器具，根据聚会性质、嘉宾数量和身份，考虑茶席主体的布置定调，同时需考虑插花、席布、音乐和画轴等物件及茶食、服饰、氛围灯光的使用，注意所有器具的统一性，要实用省力、平衡舒适，茶具摆设的位置、距离、方向应方便泡茶和客人品饮。

其次要从色彩、形状、线条、光线、季节等角度进行搭配，借由一杯茶、一盏器、一方茶席去伸展受众对美的感知触角，传达茶对构建美好生活的意义。若时值春日，就不宜使用沉闷感重的茶器；若想表现清新淡雅，则宜选白瓷、汝窑或玻璃等浅色茶具，搭配应季精致小巧的鲜花，颜色宜与茶席颜色相近；若想体现古朴稳重的主题，则可选择紫砂壶或者色彩深稳的茶具，搭配曲折有致的枯枝古藤等。

第二，讲究器具与空间的协调统一结合。这是器具搭配时重要的方法和原则。茶席的元素多种多样，重要的是做到"多而不淹器，小而看得清"。器物不在昂贵，不在奢华，而在恰当与搭配，做到多样元素完美匹配、协调均衡，这要求布席者具有全局的眼光，从一杯一具的选择，到安排茶席的周边环境，最后能在所有要素之间实现统一性、协调性与均衡性。

茶席空间可分成横向空间、纵向空间，应合理利用空间，器具要摆放在席主能掌控的范围内，简洁明了。摆置可从平面构成、色彩构成、立体构成三大部分来构思，其中平面构成可按重复、近似、渐变、分割、密集、对比等构成方式组合，整体协调统一而不失活泼灵动。茶席中常配以有生命力的插花作品增加灵动感，茶席插花的花材宜少宜小，经过处理后简洁灵动又有活力；或适当搭配一些茶宠，插花、焚香、点心摆盘等装饰，既有艺术感，又能烘托主题。

第三，茶席器物主次得当，搭配合理。茶具配置务必要突出主次，凸显视觉焦点。一般而言，茶品是茶席的中心，茶器具都是为茶而设计的，其余辅助元素对整个茶席的主题风格具有渲染、点缀和加强的作用，既要依据所泡之茶的特性、产地，选用合适的茶具，又要体现出主茶器的地位。

传统的茶具搭配通常遵循"茶为君，器为臣，火为帅"的原则。不同的茶叶展现不同的茶性，如"竹叶青"给人以清幽的感觉；"东方美人"给人以典雅恬静的感觉；"武夷肉桂"则以奇石、假山来展现武夷山的独特地貌。不同的特性，不同的冲泡方式，需用不同的器具。乌龙茶制作的原料较粗老，需要开水冲泡，最好选择具有良好隔热功能的茶壶；高级绿茶通常叶嫩汤绿，为显示茶叶的形美色艳，通常采用玻璃杯；而年份较长久的生普，则用宽敞的大肚壶更合适，可使茶叶舒展，茶性充分发挥。而在表现时令季节方面，绿茶可用于展示春天，铁观音可用于展示秋天，红茶、普洱可用于展示冬天。茶有红、绿、黄、黑等各种颜色，将茶色和器具、材料结合起来，器色衬托茶色，可更好地展示茶席之美。

第四，突出个性，注重创造性和创新性。茶席设计的个性追求和创新性，是茶席设计的关键所在。一般情况下，时令景致、茶品、茶人逸事、心绪情怀抑或铭志纪念，都可成为茶席主题，但要突出个性，就要角度新颖别致、题材取用精妙，特别是在思想、立意上要有独特的个性表达。相同的器物，相似的题材，由于主题提炼深浅不同，立意不同，其个性塑造也有本质不同。茶席妙不可言的魅力，需要布席者具有高尚清雅的灵魂、一双善于发现美的眼睛和展现美的手段，如此才能发掘和创造极具个性的美，即使在同一场所，用同一主题准备同一种茶席，也能创造出一眼打动人的茶席。

茶道文化博大精深，历史和现代生活中的重大的茶文化历史事件数不胜数，为茶席设计提供了丰富的题材。设计时，选择某个角度进行精心刻画，展现这一文化现象，如"神农尝百草""废团改散""宋代斗茶""供春制壶"等；也可将自己印象深刻或有意义的事件作为茶席的题材，别开生面地挖掘其中的内涵，使茶席的思想有高度，内容丰富而深刻；以茶人为主题，无论是古代还是当代茶人，都可紧密结合其典型事例来展现，以小见大，如神农氏、陆羽、吴觉农等；以节庆主题设计茶席，可凸显具有节气气氛的物件，烘托茶席的主题；若以自己情有独钟的抽象意境，如"空寂""浪漫""富贵"等为表现的主题，也可以凸显自我个性，力求创新。

第五，茶席设计讲究虚实结合，追求意境之美。一席茶是一场虚实相间、融声色味触的艺术作品。茶席中，实的是可握可赏的器物或茶叶、花枝，事茶者的手法、一招一式；虚的是茶席的精神、韵味，事茶过程的专注、无我及最宝贵的心悟。

茶盏、匀杯、茶则、茶匙这些可见的实物是品茗者的桥梁，茶席宾主凭借它们完成沟通，其间不仅是可品到的美妙茶汤，可闻到的曼妙香气，还有一种不可捉摸的、漂浮不定的闲云野鹤、山川云林的美妙意境，而这种意境，就像《哈姆雷特》的剧本，一千个读者有一千哈姆雷特一样，在不同的饮者口中和心底，有着一千个演绎的版本。实物无非是"指月之手"，实在于虚境，这正是茶席所要传达的主题主旨或审美情趣所在，当席主升起炉火，宾客即能回到松风竹炉的惠山寺；当席主执扇摇摆，宾客则因清凉意境而遥念"惠风和畅"的"修禊事也"。

茶席设计并不难，难的是这种将实物的题材"化虚"的能力，是茶席的灵性之源。第三章提及的留白和前文提及的茶席的灵动性都需要这种"化"的能力，领会茶席间的虚实之美，并把握住它，才能实现真正的蜕变，实现茶席的个性表现和灵动的意境升华。

总之，茶席题材的选择和组合，有章可依，却无定式。自然天成与规整严谨都是茶席指向茶事审美之路。茶席审美的尽头，题材本身和题材组合都不是最重要的，甚至可以忽略所有华美或质朴的器物和花哨的组合，只在意一瓯茶汤的甘润或一颦一笑的会心。而审美能力的提高并非一朝一夕的事情，建议多看优秀的茶席设计，深入思考其优缺点；多读书，充分吸收其他艺术优点；多实践练习，改进提高，因为在没有达到纯熟之前，再多的概念都是苍白。

茶席的艺术结构 （第二节）

所谓艺术结构，是指艺术作品的组织方式和内部构造，是使艺术作品成形的一种重要的艺术手段。艺术家根据对生活的认识，按照主题的要求，对生活材料、人物、事件进行新的组合和安排，使作品形成和谐统一的整体。结构是作品赖以存在的关系构成，没有结构就没有艺术作品的存在。

茶席是由器具、装饰品、工艺品等不同物质形态所组成的，通过对物质形态的设计、摆放等，使茶席具有了更深一层的递进，作为一种艺术形态呈现出来。所以，茶席自身具备特殊的艺术结构，这种结构表现在茶器与茶器之间的联结中、茶器与周围物质和环境的相互关系中、茶席与茶席空间的关联中等，这种结构会根据茶席形态的变化而变化。

茶席的基本构成包括：主泡器、煮水器、壶承、公道杯、茶杯、茶托、茶则、席布、茶巾、花器等。茶席上所有器物的存在都是为茶和事茶而设置的。所以物件的摆放一定要根据事茶者的操作习惯和经验来布局。一席之间的器物要各司其职，井然有序。按照乔木森《茶席设计》的观点，茶席设计的结构形式多种多样，总体包含在中心结构式和多元结构式两个大的类型之中。

一 中心结构式

所谓中心结构式，是指在茶席有限的铺垫或茶席总体表现空间内，以空间中心为结构核心点，其他各因素均围绕结构核心来表现各自的比例关系的结构方式。其美学特征是具有对称性、均衡性，整体风格是和谐、均衡、齐整。

中心结构式一般以几何图案最为常见，无论是正方形、长方形或者椭圆形，其构图的核心往往都通过主器物来体现。在茶席的诸种器物中，担任茶的泡、饮角色的器物——茶具，是茶席的主器物。而直接供人品饮的茶杯，又是主器物的核心器物。这是由动态演示的审美规律所决定，所以有时，主器物又以动态表现的中心物为主器物。中心结构式，在突出中心器物的前提下，应该做到整体布局上的大小、高低、多少、远近以及前后、左右之间的关照。

1. 大小关照

茶器有大有小，在摆放时，需注意大小的比例关系。核心位置通常为主泡器，与辅助器具之间应体现主次关系，不可喧宾夺主、主次不分。

2. 高低关照

茶席上的器具，有高有低，稍不注意就会遮挡视线，或者在行茶时因可能碰到而带来不便。所以，在摆放时需注意高不遮后，前不挡中。

3. 多少关照

茶席上的器物，以实际使用为准则。过多则繁，造成杂乱无序；太少则缺，带来比例失调。凡是以适量为好。

4. 远近关照

茶席设计类似平面设计，在席面上的排列组合，应注意远近之间的呼应。不能挤在一起，也不能散乱而无中心。整个茶席，就是一个有机的整体。

5. 前后、左右关照

从观众的视角出发，器物的排列，前后、左右之间应有呼应，整体以平衡、和谐为要领。

二　多元结构式

多元结构式又称非中心结构式。所谓多元，指的是茶席表面结构中心的丧失，而由铺垫空间范围内任一结构形式的自由组成。其美学特征是具有非对称性，讲究发挥布席者的创意，在器具安排上，往往出其不意而独具艺术风格。

多元结构，形态自由，不受任何束缚，可在各个具体结构形态中自行确定其各部位组合的结构核心。结构核心可以在空间距离中心，也可以不在空间距离中心，只要符合整体茶席的结构规律和能呈现一定程度的结构美即可。多元结构的一般代表形式有以下几种。

1. 流线式

以地面铺设为多见，一般表现为地面铺垫的自由倾斜状态。流线式茶席，在形态上，犹如行云流水，高低起伏，更显自然真实，有逼真之感。在器物摆置上通常不分大小、不分高低、不分前后左右，别具特色。如果是采用树叶铺、荷叶铺、石铺，则随意摆放，只要整体铺垫呈流线状即可；如果是用织品类铺垫，多使织品的平面及边线轮廓呈不规则状。

2. 散落式

一般表现为铺垫平整，器物基本规则，其他装饰品自由散落在铺垫上。散落式并不是真正的随心所欲，而是在随意中又有规则地呈现，有所用心、有所考量。不少此类茶席，将花瓣或富有个性的树叶、卵石等散落在器物之间；或铺垫不规则，器物也不规则，再将花瓣、树叶等自由散落其间；还有的直接将散落的花瓣、树叶作为铺垫，而器物则呈规则结构方式摆放。表面看似天女散花或落叶缤纷，实则表现人在草木中的闲适心情。

3. 组合式

当茶桌与地面共同组合成茶席时，其结构核心在地面，地面承以桌面，地面又以器物为结构的核心点。地上可设席铺、毯铺，也可不铺布垫，直接以地板为席，上面放置体型较大的茶炉。桌、台以明清风格的红木家具为宜，铺以竹席、字画、蓝印花布及单色化纤织品进行装饰。需要注意的是，桌面与地面之间是一个整体，有大小高低的呼应关系，切忌将两者分离，各自独立。

总之，结构安排是茶席设计的重要手段，反映了茶席内部各部位关联的规律。我们既要重视结构规律，掌握并合理运用各种传统结构方法，又要不受传统结构方式的束缚，勇于创新，推陈出新，大胆实践，创造出新的结构方式，以丰富现有的艺术形式，使中华茶席展现出多姿多彩的艺术魅力。

一　平面构成基本要素——点

1.　点的含义

在数学语言里，点是没有面积的，并且只代表一个特定的位置。但是在设计语言里，点是造型中最基本的构成元素，是一切造型形态的基础，具有大小、形状、色彩、肌理等特点。它构成的面积大小、位置或方向，以及非规律性的排列构成等，都是画面中的点缀，起到丰富视觉效果、烘托氛围的作用。

在生活之中处处有点的存在，如花草植物（图4-1）、生活用品、风景等（图4-2），我们只需要在日常生活中留意身边的事物，就可以发现点的存在。

2.　点的形态特征

从抽象角度或者是普遍认知来看，典型的点是小而圆的，但实际上点在形态上的范围是无限，它可以是任何一种形状或形态（图4-3）。

❶ 图4-1　植物
❷ 图4-2　风景

3. 点的心理特征

点在视觉传达中具有张力作用，它在平面或者立体空间中的位置、数量、大小的不同，会给人不同的视觉感受。当只有一个点时，那么视觉上会产生一个集中力，所有的注意力都会集中在这一个点上。当出现多个点时，那么画面便产生不同的张力与节奏，比如音乐中的五线谱，用点的组成传达音乐节奏。

点的"重量"感（图4-4）；

点的心理感受（图4-5）。

另外，不同形状的点呈现出来的视觉感受也是不同的。圆形的点：

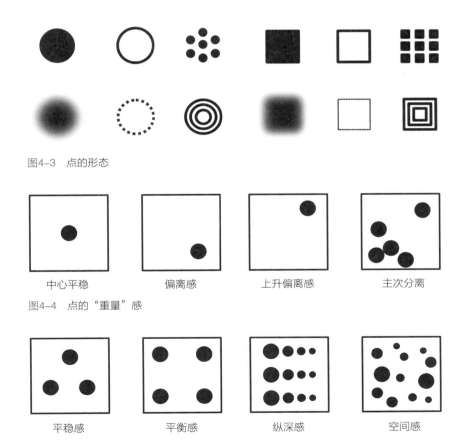

图4-3　点的形态

平衡感中心平稳　　　　偏离感　　　　上升偏离感　　　　主次分离

图4-4　点的"重量"感

平稳感　　　　平衡感　　　　纵深感　　　　空间感

图4-5　点的心理感受

图4-6　图形的点

图4-7　方形的点

图4-8　三角形或菱形的点

图4-9　圆曲的点

有俏皮灵动、活泼可爱之感（图4-6）；方形的点：有稳重大气、庄严肃穆之感（图4-7）；三角形或菱形的点：有高精科技、极限速度之感（图4-8）；圆曲的点：有柔美灵动、韵律动态之感（图4-9）。

4. 点在茶席设计中的应用

我们可以把茶席中出现的主泡器、茶杯、茶托、公道杯等想象成一个个的点，这些点的大小、颜色、摆放的位置都需要精心设计，使得茶席整体平衡和谐且富有韵律节奏（图4-10）。

图4-10　器具大小、颜色、形制的点呈现（后朴）

二 平面构成基本要素——线

1. 线的含义

在几何学中，线具有位置和长度，在设计学中，线还具有宽度、厚度、形状、色彩、肌理等造型特点。线比点有更多的表现空间，它可以用封闭的线条来构造形状轮廓，在造型塑造上具有很重要的作用。

线通过不同的组合可以产生节奏，可以强调比例，也可以排列构成平衡，例如等距离的排列，长短线搭配，直线与曲线的应用组合等，都可以产生不同的视觉效果。线是平面设计中最具表情和活力的构成元素，在生活中我们经常看到线的表达，如建筑、服饰、动物身上的图案等（图4-11）。

2. 线的形态特征

线的形态大致可以分为直线和曲线。直线又可分为水平线、垂直线和斜线。曲线有几何曲线和自由曲线。其他还包含了形态变化的线，如均匀线、不均匀线、细线、渐变线等。

图4-11 生活中常见的线

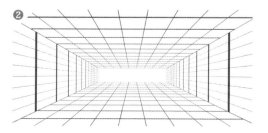

3. 线的心理特征

不同的线有着不同的心理特征，线有很强的心理暗示作用。线最善于表现动和静，直线表现静，曲线表现动，曲折线则有不安定的感觉。

直线：有简洁明快、严肃紧张之感（图4-12）；长线：有连续动感、稳定流畅之感（图4-13）；短线：有局促紧张、精悍顿挫之感（图4-14）；曲线：有优雅柔美、节奏韵律之感（图4-15）；斜线：有不稳定、快速运动之感（图4-16）。

❶ 图4-12　直线
❷ 图4-13　长线
❸ 图4-14　短线
❹ 图4-15　曲线
❺ 图4-16　斜线

图4-17　线的表达（后朴）

4. 线在茶席设计中的应用

我们可以把茶席上所出现的用具的外形当作线，每个用具的线条是不同的。它们层层交织在一起，相互形成线条的碰撞，由此产生丰富的视觉效果。因此，在设计茶席时需要注意线条与线条之间的关系，要有疏密变化、曲线与直线的变化等。

如图4-17所示，茶桌自然的木纹、壶承表面的随机变化、茶壶盖上柔美的曲线以及茶杯自带的线条相互结合，生动自然且富有变化。

三　平面构成基本要素——面

1. 面的定义

面是线连续移动至终结而形成的轨迹，具有长度、宽度，由于面不具备三维空间的特征，所以没有厚度。面只能是体的表面，它受线的约束，具有一定的形状，例如直线平行移动可以形成长方形；直线旋转移动形成圆形；直线自由移动形成有机多边形等。面在设计学中，同样具有大小、形状、色彩、机理等造型特点，可以在造型中形成各式各样的形态，是二维平面中最复杂的构成元素，也是最为重要的构成元素。

生活中处处有面的存在，经常注意到的是建筑及室内设计、服装设计等。在建筑中，通过块面的设计构建丰富的立体效果（图4-18）；在服装设计中，通过块面和颜色的变化来优化人们的穿衣体验，增加美感（图4-19）。

2. 面的形态特征

在设计中只出现一个面的概率很小，因为单单一个面所呈现出的效果非常平淡枯燥，需要运用多个面来创造丰富的视觉效果。在这个时候，面与面之间就会发生关系，概括起来有以下六种常见关系（图4-20）。

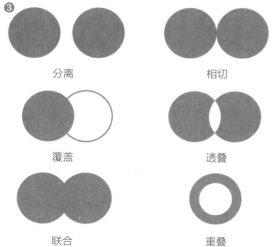

❶ 图4-18　建筑块面

❷ 图4-19　服装块面

❸ 图4-20　面与面的关系

当然，这几种关系并不会单一发生，在多数情况下需要进行组合设计来打造整体视觉设计效果。但是，如果面与面发生关系过多，易造成视觉上的混乱，所以在做面与面关系的设计时，需要注意不宜使用过多。

3. 面的心理特征

与点和线一样，不同的面可以表达不同的视觉风格。通过面的形状和颜色的组合，构造出风格各异的画面，既可以是感性的，也可以是理性的。

直线构成的面呈几何形，有一种稳定的秩序感，硬朗结实。曲线构成的面呈自然形，与几何形的面相比，有柔美之感，在表达上更加灵动。有机形的面的外形较复杂，没有规律，充满了不确定性，表现自由，能给人带来愉悦。

简单概括，几何形的面：有规律稳重、整齐理性之感（图4-21）；自然形的面：有自然生动、随意亲切之感（图4-22）；有机形的面：有动态抽象之感（图4-23）。

❶ 图4-21 几何形的面

❷ 图4-22 自然形的面

❸ 图4-23 有机形的面

4. 面在茶席设计中的应用

我们把茶席上所有用具都想象成块面结构，茶席由各种形状、大小的块面结构组成。在布置茶席时，要注意各个块面的形状和比例。如图4-24所示，茶席布以不同大小的矩形结构呈现，形成一层变化。茶器以圆形块面结构出现，矩形和圆形的相交、相切呈现出丰富的视觉效果。

图4-24 茶席中的面

第四节 茶席的色彩设计

一 认识色彩

我们日常看到的色彩，并不是物体本身的色彩，而是光照射在物体上，物体反射的光以色彩的形式进行呈现，所以在没有光的情况下是看不到色彩的。光（色彩）是电磁波的一种，物体反射光的波段不同，所呈现的色彩也就不同。

肉眼可见的电磁波范围是有限的，称为可见光。可见光包含了所有的色彩，大致可以分为三种，分别是长波长的红色，中波长的绿色，以及短波长的蓝紫色。牛顿在1666年利用三棱镜将白光分解成彩色的光带，如同雨后彩虹，白色光分解后由于光的波长折射系数不同，会按波长顺序排列成有序的彩色光带（图4-25）。

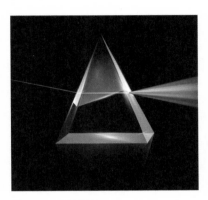

图4-25 光的折射

二 色彩三属性

色彩总体可以分为两种，分别是有彩色和无彩色。无彩色指的是黑、白、灰这几种没有颜色倾向的色彩；有彩色指的是黑、白、灰这类无彩色以外的所有色彩。色彩有色相、明度、纯度三种属性。

1. 色相

色相是有彩色类别属性中的一种，呈现颜色的本来面貌，是用来区别各种色彩的基础标准，同时因为可见光的波长不同，所以色相是可以无限变化的。

（1）色相环。因为色相是无限变化的，我们不能将所有的颜色全部呈现出来，基于三棱镜分光形成的从红到蓝紫有序的光谱，通过色彩的混合，加入紫色和紫红色，使色相具有循环性而排列成环状，从而形成色相环（图4-26）。

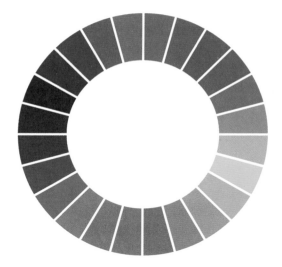

图4-26　色相环

（2）互补色。指在色相环中处于相反位置的色彩，即在圆环中形成正对面180°角的颜色，比如红与绿、橙与蓝、黄与紫等都是互为补色的关系。但是互补色之间的颜色对比过于强烈，所以这类颜色需要在适当的位置使用，可以达到特殊的视觉效果。

（3）对比色。指在色相环上相距80°到160°之间的两种颜色。例如黄与蓝、紫与绿等，都是对比色的关系。对比色的颜色冲突感不会像互补色那么强烈，也更容易应用到各类设计中。

（4）类似色。类似色可以称为相似色，指在色环上90°角内相邻的颜色，例如红色到橙色的区间、黄色到绿色的区间、蓝色到蓝紫色的区间等都称为类似色。类似色的色相对比不强烈，采用这类配色会给人以统一调和的感觉。

2. 明度

明度是指色彩的明暗程度，亮色称为"高明度"，暗色称为"低明度"。无彩色也有明度的区分，白色是高明度色，灰色是中明度色，黑色是低明度色。

（1）明度的分类。如果色相是一样的，只要在色相中加入黑、白或者灰色，就会形成不同明度。白色添加越多，明度越高，明度越高的色彩所呈现出来的颜色越为浅淡。黑色添加越多，明度越低，明度越低的色彩所呈现出来的颜色越接近黑色（图4-27）。

（2）不同色相的明度对比。每个色相的明度本身就存在差别，例如在色相里，明度最高的是黄色，最低的是蓝紫色，绿色属于中明度色。

3. 纯度

纯度指色彩的鲜艳度、饱和度。高纯度色就是鲜艳的原色，随着纯度降低，会逐渐接近没有色相的无彩色，也就是低纯度色。纯度降到最低则会变成无彩色。高纯度色彩会给人华丽的感觉，低纯度色彩会给人朴素的感觉。

例如红色，在高纯度红色（大红）中加入少量白色，纯度会下降，但明度会上升，持续增加白色，则纯度不断下降，明度不断提高，最后调和出来的颜色是浅淡的粉色。如果在高纯度红色中加入黑色，那么纯度和明度都会下降，随着黑色量的增加，红色会逐渐调和成暗红色（图4-28）。

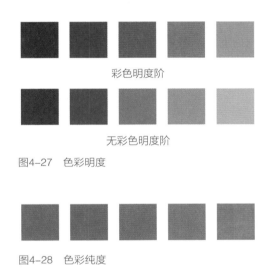

彩色明度阶

无彩色明度阶

图4-27　色彩明度

图4-28　色彩纯度

三　色彩的心理特征

色彩所包含的情感与人类有着共通的连接。当我们看到或听到一种颜色的时候，潜意识会联想到某个物体，反之，通过一件事或一个情景，也能用色彩来表达彼时内心的感受，颜色的冷暖、轻重、大小都能影响我们的情绪，让我们快乐或者悲伤。另外，因为年龄、性别、生活经历、种族、国家等方面存在差异，对色彩的感知也会有所不同，对同一个颜色，不同人的反应也是不同的。所以在选择色彩之前，需要对每一种颜色都有所了解，利用色彩联想发挥色彩的巨大能量。

1. **色彩联想与象征**

色彩的联想是指当看到某种颜色时会联想到相关的人或事物（表4-1）。

表4-1　色彩的联想和象征

名称	颜色示意	联想	象征
黄色		星星、月亮、向日葵、香蕉、黄金、柠檬、阳光等	光明、活泼、健康、财富、辉煌、幸福、希望、警示、警告等
橙色		橙子、枫叶、柿子、胡萝卜、南瓜等	活泼、健康、温暖、快乐、积极、热情、活力四射、愉悦、运动等
红色		故宫城墙、鲜血、灯笼、火焰、草莓等	炙热、火热、希望、激情、幸福、冲动等
绿色		植物、春天、草地、蔬菜、森林等	天然、青春、健康、舒适、和平、自由、新鲜等
蓝色		天空、溪水、湖泊、大海、星际等	清爽、凉快、冰冷、宁静、冷静、知性、忧郁、伤心等
紫色		紫罗兰、薰衣草、葡萄、蓝莓等	神秘、高贵、典雅、气派、权力、华丽、忧郁、悲伤等
白色		白云、白雪、婚纱、白天鹅、奶油、牛奶等	纯净、纯洁、天真、善良、朴素、寒冷、死亡等
灰色		建筑物、汽车、雾霾、计算机等	低调、朴素、优雅、荒凉、暗沉等
黑色		夜晚、礼服、汽车、丧礼、水墨等	高贵、高级、寂静、厚重、坚硬、悲伤等

2. 色彩的心理感受

（1）色彩的冷暖。冷暖是人体感知外界温度高低的描述，色彩本身并没有冷暖的定义，是人们通过视觉感知所形成的心理色彩。当看到黄色、红色和橙色这类暖色系时，会联想到太阳、火焰等，心里会产生温暖愉悦的感觉；当看到蓝色、绿色这类冷色系时，会联想到星空、海洋、冰川等，会感觉到凉爽或冰冷。在设计时可以利用颜色的冷暖联想去调和氛围。

（2）色彩的轻重。颜色所呈现出来的色彩可以使我们感受到轻重，例如深颜色比浅颜色显得更重一些。在设计应用中需要注意轻重颜色的对比与搭配，使画面更加协调。

（3）色彩的软硬。色彩的软硬是通过视觉传达的心理感受，例如暖色系高明度色，所呈现出来的是柔软的感觉，婴儿房通常运用这类颜色进行装饰，显得舒适温馨。相反，冷色系低明度色就会给人一种坚硬的感觉。

（4）色彩的动与静。如上文所提到的，有些色彩例如黄色、橙色、红色等，会让人感到兴奋、活跃，蓝色、灰色等色彩会让人平静、冷静。熟悉色彩的这一特征，就可以根据不同的情况应用在茶席设计中，利用色彩来调节情绪。

（5）色彩的华丽与朴素。当使用高纯度色彩时，特别是红色、紫色、橙色这类颜色时，会让人产生华美艳丽的印象。相反，当使用低纯度色时，就会给人一种含蓄低调的感觉。

（6）色彩的膨胀与收缩。即便是大小一样的物体，当使用红色、橙色、黄色这类暖色时，物体的体积在视觉上会显得比实际大，而使用蓝色、绿色这类冷色系，以及黑灰色这类颜色时，物体体积看起来比实际要小，这就是颜色的膨胀感与收缩感。这个特点被广泛应用在服装搭配领域，体态偏胖的人更适合搭配深色衣物，这样在视觉上会比实际显得苗条。

四 茶席的色彩搭配

茶席上使用的器具、席布、花朵都是有颜色、有温度的，它们代表了一个茶道师内在的气质与深度，是茶道师对茶、茶器、心境的一种诠释。

在进行茶席颜色搭配时，需要同时考虑茶席布、茶器、插花、着装以及空间等因素，这对茶道师的综合设计能力、颜色把控能力要求较高。

首先，在茶席色彩搭配上，整体颜色不宜过多，器具、席布、花卉在颜色上需要有关联性，有些组合是同类色或者类似色，有些则是对比色等。颜色的相互关联能使茶席的色调形成一个统一的整体，同时在统一当中又有一些小的颜色变化，这样茶席才会更加生动有趣。

其次，在多色搭配时应区分主次，确定主基调色，其他颜色都是烘托与搭配色。应注意的是，各个颜色不宜平均使用，否则会使茶席整体看不到重点。

最后，确定颜色后不宜使用对比过于强烈的颜色，或是各自的明度、纯度较高的颜色，这类颜色搭配在一起，虽然很鲜明艳丽，但容易对视觉造成过大的刺激。品茗本身是一种静心的过程，亮色使用过多会让茶席变得躁动，这就违背了茶席设计的初心。

茶席色彩搭配
案例分析

案例一 〉

颜色雷同，茶席略显单一（图4-29）。

　　此套茶席使用了较多的红褐色调，且色调与色调之间没有明显的色差，缺少暖色调和浅色调的对比变化，使得茶席整体偏深沉与单调。茶杯与杯托颜色过于统一，同样缺少颜色与层次变化。

图4-29　颜色雷同的茶席设计

案例二 〉

部分颜色对比强烈，未能突出重点（图4-30）。

　　该套茶席的问题在于使用了一条特别鲜亮的席布，夺走了所有的视觉注意力，并且几个主要的器物都使用了偏灰调的浅绿色，容易淹没在艳丽的席布中，使得整个茶席需要突出的重点并没有突出出来。可以将艳丽的席布更换成低纯度，中高明度的暖色调，削弱过于冲突的对比，茶壶与茶杯在颜色和材质上做一些区分，增加细节，丰富视觉效果。

图4-30　颜色对比强烈的茶席设计

第五节 茶席的空间设计

茶事茶会是茶道师款待宾客的一种高雅活动。茶席空间要营造出美丽且舒适的环境氛围，由此来传达主人对宾客的重视以及提升品饮体悟。日本建筑师芦原义信曾在《外部空间设计》中提到："空间基本上是由一物体同感觉它的人之间产生的相互关系形成的。"茶席空间也是由茶人与各种茶事器具和物品之间关系构成的。

茶席空间是一个非常重要而又容易被忽视的要素，是器物、环境与人所构成的一个美学空间。茶席的空间除了茶席，还包括茶席的前后、左右、上下的空间，以及光照角度等，是层层递进、交织融合的多元空间。茶席的空间设计，分为两种类型：一是室外空间，二是室内空间。无论是室内还是室外，一个美妙的茶席空间要处处是风景，处处是美景。除了我们所能看到的这种实际空间，还能从中感受到虚空间，也就是心理空间，它是我们对空间的联想，虽然它不是实际存在的，但却能让我们发挥出更大的创造力，结合实际茶席空间，巧妙地设计虚空间，有助于增加品饮的心境与体验感。

将茶席设在自然环境中，和山林融为一体，是一种浪漫情怀。明代黄龙德的《茶说》，对这种茶席之美做了形象描绘："若明窗净几，花喷柳舒，饮于春也。凉亭水阁，松风萝月，饮于夏也。金风玉露，蕉畔桐阴，饮于秋也。暖阁红垆，梅开雪积，饮于冬也。僧房道院，饮何清也，山林泉石，饮何幽也。焚香鼓琴，饮何雅也。试水斗茗，饮何雄也。梦回卷把，饮何美也。古鼎金瓯，饮之富贵者也。瓷瓶窑盏，饮之清高者也。"大自然中，亭台水榭、松竹蜡梅、溪山泉石、鸟鸣花开……，都融汇于茶席的整体秩序中。在自然景色中，根据不同时节选择适合品茶的地点，用不同的茶器布置美妙的茶席，用盛开的鲜花去做点缀茶席空间，人的品茶心境也会随之而变，极其富有灵动的诗意，如同在欣赏一幅写意水墨（图4-31）。

因此，根据茶事茶会的主题，茶道师在设计茶席的同时，需要综合考虑整体空间风格是否与之相互呼应，是否能够达到和谐统一。中国人讲究"天时地利人和"，茶席的位置选取需要让空间更加协调、带去茶的灵气。

首先，要注意场地的布局、灯光冷暖、装饰风格等，选定茶席的摆放位置与角度，既要保证宾客可舒适落座与品饮，也要便于奉茶。室内的家具，则要根据茶室的档次、规模、格调、类别、功能等进行分类，体现现代人简洁、明快、雅致的时代气息。有条件的房子可以配一些镂刻、剪裁的门窗格子，这和结实、厚敦立体墙

图4-31 〔明〕文徵明《品茶图》

面形成了阴阳互补、虚实结合的审美原则。

其次，要做到虚实结合，疏密有致。《易经》中提到："无往不复，天地际也。"天地万物，循环往复。空间亦是如此，有屈就有伸，有张就有缩，有实就有虚，赋予空间诗意化的节奏感是中国独有的特征。作为实体空间，我们所能看到的是茶器、桌椅、蒲团、风景等，它们是真实可触摸的实体，在构建茶席的过程中，通过疏密的对比、适当的留白、高矮位置的摆放，构建出茶席的小的虚空间，带起视觉上的韵律美感。

再者，要将与茶席不协调的物品移出，减少视觉上的突兀感。室内的背景通常有窗户、廊口、墙面、博古架等，这些都可以进行艺术化处理，使其成为茶席空间设计的组成部分。如有必要，可以设置间隔，营造一处独立的茶室以供事茶、养心，常用纱帘、珠帘之类的装饰，让茶室更幽静，有朦胧美（图4-32）。茶室的顶上可采用木方格平顶，并设计高低区块，或在顶部下垂部分花格，营造氛围，使人心情舒适、轻松惬意。如果需要造景，那么在设计每一个空间时都应该根据所处的客观条件，顺应环境，处理好空间与每一个局部的内在联系。

最后，光影效果在茶席设计上的运用。同样一个房间，白天与傍晚照射进来的光是不同的，不同的光会带来不同的空间感受，也能给我们带来不同的心理感觉。在茶席空间设计中，可以通过不同的光影来打造不同的空间场景（图4-33）。

从窗外投射进来的一缕缕阳光，通过空间打在茶席上的光影，带来更多的视觉美感（图4–34）。竹影婆娑，花枝摇曳生姿，为茶席空间增添了动态美感，同时丰富了光影层次，由此产生动静结合、虚实相生的艺术效果，升华了品饮体悟（图4–35）。

❶ 图4–34　光影
❷ 图4–35　光线

茶席与插花

第一节

插花艺术是指将剪切下来的植物的枝、叶、花、果作为素材，经过一定的技术（修剪、整枝、弯曲等）和艺术加工（构思、造型、配色等），重新配置成一件精致美丽、富有诗情画意、能再现自然美和生活美的花卉艺术品，故称其为插花艺术。插花艺术在我国已有上千年的历史，是民众寄情花木、以花传情、借花明志、装点生活的重要载体。

如今，插花已经成为繁忙都市生活中一种时尚雅致的休闲爱好，也成为展示茶席之美的重要载体。茶席上有了插花，就被赋予了生机与活力。茶席插花，其主题是茶道思想的表达，主要是为茶、茶席服务，不应过于繁杂及艳丽，不宜喧宾夺主，而应以素雅及衬托的形式出现，使人体会到茶的美妙与道的真意，重视的是品味与意境，通过简朴的形色之美实现寓意于物，而不局限于物，从而给人一种精神上的享受（图5-1）。

一 茶席插花的特点

1. 线条优美的造型

茶席插花，在传承东方插花的特点的基础之上，又融入了茶道洁、静、正、雅的美学纲领，以花枝为线条进行造型，形成线条、颜色、形态和质感的和谐统一。

2. 简洁淡雅的花形

明代的花艺专著《瓶史》里提到："插花不可太繁，亦不可太瘦，多不过两三种，高低疏密要如画境布置方妙。"茶席插花尤其要遵循此法，不求繁多，不要求华丽的"花之美"，只插一两枝亦能起到画龙点睛的效

图5-1 简洁的茶席插花

果，以自然的线条和构图，达到素雅大方，清雅脱俗的效果。

3. 清新自然的风格

茶道插花的手法以单纯、简约和朴实为主，以平实的技法使花草跃然于花器之上，使花、器融合，且融于茶席。

茶席插花往往一花三叶或一花五叶，无论花、叶都以奇数为好，不对称、不刻板，处处留余地。若花有两朵时，取其一正一侧；如有偶数叶子时，可以展现其侧面或背面，以表其阴面之美，花开为阳，合而为阴；叶正面为阳，背面为阴，保有阴阳兼具、阴阳互生之美。

茶席插花的形色以精简雅为主，形体宜小，表现手法细致，花枝应简洁不繁杂。花朵应该取半开而富有精神者。

4. 雅致精巧的造型

茶席插花的形式，一般可分为直立式、倾斜式、悬崖式（倒挂型）和平出式四种。直立式是指鲜花的主枝干基本呈直立状，其他插入的花卉，也都呈自然向上的势头；倾斜式是指鲜花的主枝呈现倾斜的形状，在造型上具有一定的特殊性，比如形成一定的弧度或者曲线；悬崖式是指第一主枝在花器上悬挂而下为造型特征的插花；平出式是指全部的花卉在一个平面上的插花样式（图5-2）。

图5-2　插花作品

二 茶席插花适用的花材

茶席插花所用花材以山花野卉为佳，香气清淡，外形多姿，切忌使用浓香、有异味、有毒性的花材。用材原则是以少胜多，切忌繁杂堆砌，切忌艳俗花哨，以适应茶环境的恬淡氛围（图5-3至图5-5）。

而在户外布茶席、办茶会时，亦可就地取材，以达到与大自然更好地相融，不管是野花、野草、野果，或是一些肌理漂亮的小石块，或是苔藓类、蕨类植物，或是枯枝，乃至斑驳的树皮等，都可以成为茶席插花的素材。用这些材料插制出来的作品，野趣十足，且能体现出创意，令人印象深刻（图5-6）。

❶ 图5-3　荷花

❷ 图5-4　荷叶

❶ 图5-5　梅花

❷ 图5-6　野趣十足的茶席花

三 花器

　　茶席插花的花器，是花艺展示的基础和依托。花器的材质种类很多，有陶（图5-7、图5-8）、玻璃（图5-9）、藤、竹（图5-10）、草编、化学树脂等，其形态也有很多种类。茶人要根据设计的目的、用途、使用花材等进行合理选择。插花造型的结构和变化，与花器的型与色有着内在的关联。就花器的造型来说，它既限制了花体，也衬托了花型。相反，茶席中的插花，要求花体简约、精巧，同时，也决定了花器的大小。在花器的质地上，一般以竹、木、草编、藤编和陶瓷为主，以体现原始、自然、朴实之美。

图5-7　矮式陶花器

图5-8　高式陶花器

❶ 图5-9　玻璃花器

❷ 图5-10　竹花器

总之，茶席插花丰富了茶席的内容，是茶席上一道必不可少的亮丽风景。但茶席的主题仍以"茶与席"为主，茶席插花须为茶道主题服务，不能喧宾夺主，不能艳丽媚俗。茶席插花，从根本上讲，一定要做到与茶具、茶人、茶艺相契合，与茶境相契合。

茶席与音乐

第二节

音乐与茶道是中国传统文化的重要组成部分，也是中华文明的精神命脉。美的体验像一座桥梁，把音乐和茶道紧紧地连接了起来。一个人如果能够在音乐与茶道中体验到美，那么同时他也就体验到了生命的美，也就体验到了自己本真的生命力。人类美的体验就其本质来讲，是一种对自我内部生命力的体验。而音乐与茶席同样具有这种作用。

一　茶席与音乐的结合

1. 诗歌中的茶与乐

茶席之上配上和、雅、淡、柔、静的音乐，会更添茶中韵味，营造出弦外之音的独特意境。古代有不少诗人都以茶、乐相伴的生活为乐。如唐代诗人白居易，写有著名的《琴茶》诗："琴里知闻唯渌水，茶中故旧是蒙山。穷通行止常相伴，谁道吾今无往还。"郑巢的《秋日陪姚郎中登郡中南亭》："隔石尝茶坐，当山抱瑟吟。谁知潇洒意，不似有朝簪。"有茶、有瑟、有友人相伴一起登南亭，也是一件赏心乐事。

宋代吴文英《望江南·茶》词："松风远，莺燕静幽坊。妆褪宫梅人倦绣，梦回春草日初长，瓷碗试新汤。笙歌断，情与絮悠扬。石乳飞时离凤怨，玉纤分处露花香，人去月侵廊。"在笙歌之时，以瓷碗试新茶，别有一番滋味。苏轼《行香子·茶词》也有："共夸君赐，初拆臣封。看分香饼，黄金缕，密云龙。斗赢一水，功敌千钟。觉凉生、两腋清风。暂留红袖，少却纱笼。放笙歌散，庭馆静，略从容。"听笙歌，品密云龙贡茶。

明代文徵明《烹茶》诗中写道："落日高松下午阴，静闻飞涧激清音。幽人相对无余事，啜罢茶瓯再鼓琴。"一派闲适惬意的光景，喝了茶再抚琴。

2. 绘画中的茶与乐

在古代画作中，亦时常可以看到乐与茶同时出现的情境。如唐代的《宫乐图》（图5-11），画中宫人在喝茶时，有为宴饮演奏者，出现的乐器有筚篥、琵琶、古筝、笙，还有一人手拿拍板，敲打着节奏。唐代周昉的《调琴啜茗图》中描写了三位贵妇坐在庭院里，在两个女仆的侍奉下，弹琴、品茶、听乐，享受闲适恬静的生活。

又如辽代韩师训墓室壁画《妇人饮茶听曲图》（图5-12），壁画右侧一贵妇手中正端着茶碗，桌上还有几盘点心，左侧有乐人在弹奏契丹文化的乐器，形象非常逼真，可以说是对当时现实生活的一种反映。

❶ 图5-11 〔唐〕佚名《宫乐图》
　　台北故宫博物院藏

❷ 图5-12 〔辽〕韩师训墓室壁画
　　《妇人饮茶听曲图》

宋代《文会图》（图5-13）描绘了宋时文人雅士品茗雅集的场景，画中垂柳下有一石几，几上横置仲尼式瑶琴一张，琴谱数页，琴囊已解，似乎才刚刚抚过。

明代唐寅的《琴士图》描绘了一位高士，在青山旷野中，静坐苍松前，面对飞瀑流泉，边抚琴边品茶。琴声与煮水声、松涛声、泉水声交相融合，在不知不觉中回归了自然。明末清初陈洪绶的《听琴啜茗图》表现了抚琴的间隙，啜茗一杯，与文徵明的《烹茶》诗，遥相呼应。

这些古画都表现了古人喝茶配乐的场面，可以看出茶与乐自古就联系在一起，乐器与茶的搭配是相得益彰的。

图5-13　〔宋〕赵佶《文会图》
台北故宫博物院藏

二 音乐在茶席中的作用

音乐是一种没有国界的语言。茶道与音乐之间不仅在历史渊源上有着长远的联系，在情感表达、意境营造与审美意象上，也存在共通之处。茶席不是一个平面上的概念，而应是一个在视觉、嗅觉、味觉和听觉得到全方位体验的空间。所以，声音在茶事活动中有着不可轻视的作用。

1. 音乐在茶席中的情感熏陶作用

音乐，特别是民族音乐在茶会中经常被使用。这是因为民族音乐较为舒缓、恬淡，韵律优美动人，能够让人内心平静，情感熏染。

音乐在茶席之上既可以作为单独的节目进行展演，亦可以作为背景音乐使用。背景音乐，一方面有助于观赏者更直接、更迅速地领悟主题，调动其情感和回忆，引发与设计者的共鸣；另一方面也可以协助茶席演示者把握整个流程的时间和节奏，让演示者与观赏者在潜意识状态下渐渐融合在一起，不区分你我，沉醉其中不可自拔。对于快节奏的现代人来说，喝茶与听音乐，都是对自己的心灵抚慰。品茶之时，饮佳茗、听音乐、赏意境，也是人们所追求的境界。

2. 音乐在茶道表演中的作用

所谓茶通六艺，六艺助茶。琴棋书画诗曲茶，自古就有着内在联系。而音乐在茶道表演方面，几乎是必不可少的元素。在茶道表演时，将音乐的韵律与茶道表演的韵律结合，会把自然美渗透进茶人的灵魂，引发茶人心中潜藏的美的共鸣，为品茶创造一个充满美好的意境。

我们提倡在正式茶会中轻声言语，甚至止语，为的是通过行为上的规范让人更快地安静下来，进入全心全意吃茶的意境中，抛却烦扰，体会茶汤带给我们的美好。适当的音乐为茶空间划分出一个无形的领域，古琴、洞箫，都是极具中国文人气质的乐器，其音色旷达幽远，曲目寓意深远，抒发心志情趣，与中国茶的气质最为吻合。如"平沙落雁""良宵引""高山""胡笳十八拍""神人畅"等曲风平和舒缓的曲目，较适合茶境营造，而诸如"广陵散"等起伏跌宕，带肃杀悲愤之气的琴曲，如非特殊需要，最好不用。

3．音乐在以茶悟道中的作用

古人认为修习音乐可以陶冶情操，提升素养，使人的生命过程更加快乐而美好，所以音乐是每位文士的必修课。因为修习音乐的过程是个人的生命体验，与超然物外的艺术追求相结合的过程。在这一点上，修习茶道与修习音乐极其相似。我们在茶事活动中重视用音乐来营造艺境，这是因为音乐，特别是我国古典名曲重情味、重自娱、重生命的享受，有助于为我们的心接活生命之源，能促进人的自然精神的再发现，也有利于人文精神的再创造。

以古琴与茶为例。古琴是历代文人雅士用于修身养性、体悟至道的"明德之器"。韵，是琴道和茶道的共同特征。琴道讲求"琴韵"，而茶道也讲茶韵。琴道与茶道，皆是由技而艺，由艺入道。所谓"琴茶同韵"，两者都是某种艺术境界的体现，都可以修身养性，陶冶性情，令人志趣高雅，品性高洁，堪称人生最好的伴侣。

大益茶道院对茶道与音乐也有探索。大益茶道院十分重视原创茶道音乐的开发。2015年11月15日，由北京交响乐团演奏的大型管弦乐作品《春莱虹瀚·云南随想》在国家大剧院正式上演（图5-14），此作品是

图5-14 《春莱虹瀚·云南随想》音乐会在国家大剧院演出

以吴远之先生原创的故事情节为内容，由著名作曲家张千一创造的全球首部茶主题交响乐。首演特邀指挥家谭利华指挥，拉开了一幕具有云南上古神话色彩的普洱史诗级音乐篇章。"春莱虹瀚"本为傣语，意指凤凰茶园。这个用音乐讲述的传奇爱情故事生动地表现了茶与红土地、与云南少数民族千百年来所形成的相互依存的亲密联系，表达了作者对云南茶、茶人、茶园的深厚情感与无限眷恋。

新茶乐则是大益茶道院首创的一种茶道音乐形式。所谓"新茶乐"不同于传统茶乐，其音乐风格特别能彰显茶席中静谧之美与灵动之美，而西洋乐器与中国古典乐器的结合更加时尚，令人耳目一新。2015年10月18日晚，适逢大益嘉年华举办期间，"星海茶夜·心灵聆月"沙滩音乐茶会在三亚海滨举行（图5-15）。茶道院音乐教师郭乙霖和青年作曲家杨楠、青年演奏家耿林虎等共同演绎了系列"新茶乐"曲目，钢琴、大提琴、竹笛、古筝、沙滩、海浪、星空、烛光……当空灵绝美的音乐旋律在夜空中响起，所有人都为这无比美妙的一刻而陶醉。后期，又制作了茶乐专辑（图5-16）。

图5-15 "星海茶夜·心灵聆月"沙滩音乐茶会在三亚海滨举行

当然，现在国内也有不少优秀的茶乐，如古琴艺术家巫娜创作的《茶界》，共有七辑，碧水秋素，静坐一隅，以淡雅的姿态，守候岁月缄默，饮一杯茶，揽一片祥云，韵一份雅致，对一张古琴，于余音袅袅间，静心体味《茶界》的绝妙意境。

图5-16　新茶乐《聆月》演奏

茶席与香道

同茶一样，中国使用香的历史也很悠久，《易经》《诗经》《书经》《左传》《周礼》《离骚》等都有记载。

中国的香文化成于两汉，完备于隋唐，鼎盛于两宋，"焚香、插花、挂画、点茶"被称为宋朝的四大生活雅事。现藏于台北故宫博物院的宋代赵佶所绘《文会图》中，除了茶、插花之外，远处垂柳下石案上摆放着一尊香炉。

茶道与香道，在漫长的历史演变中，逐渐走向了结合。在茶席中运用香道元素，一方面，茶可以提高香的品位，扩大香的使用范围；另一方面，香也益于茶的品饮，增加茶道的美感体验，并提升茶的境界。茶以口入身，香以鼻入身，两者皆可通达身体之经络。自然界中的根、枝、叶、花、果大都蕴含着香气，在茶席中运用这些香气可以提升饮茶韵味。两者相伴，相得益彰，正所谓香道中包含着茶香，茶道中蕴含着香气，此为焚香啜茗的完美契合。

明代万历年间的名士徐惟起在《茗谭》中写茶与香的关系时说："品茗最是清事，若无好香在炉，遂乏一段幽趣；焚香雅有逸韵，若无名茶浮碗，终少一番胜缘，是故，茶香两相为用，缺一不可。"可以看出，作者认为，品茗需配好香，焚香需有名茶，二者少了一种，都是缺了"幽趣"、少了"胜缘"。

茶席用香，对香的种类、样式、用香时间、香炉的种类及摆设等方面都要精心挑选、调和。香茶搭配时，一定要把握主辅、君臣关系，切忌过分渲染香，造成喧宾夺主。最好的香味是清新的，纯净的，是万物调和之后所出现的一种自然气味。品茶时边品茶香，边赏香的气息，从而达到最佳的品饮环境。但茶人应该始终谨记：茶席以茶为主，香的气味不宜浓郁，应以清新淡雅为主，防止夺去茶香。

一　香品的类型

用于茶席上的香品类型有六类：一是原生态香材，如片状香料、块状香料，或香料经过清洗、干燥、分割等简单的加工制作而成，保留香料的部分原始外观特征（檀香木片、沉香木片等）。二是线香，常见的有直线形的熏香，又有竖直燃烧的"立香"，横侧燃烧的"卧香"，带竹木芯的"竹签香"等。三是盘香，又称"环香"，螺旋形盘旋绕的熏香，可挂起，或支架托起，或直接平放香炉。四是塔香，又称"香

图5-17　燃香

塔"，是圆锥形的香，放香炉中直接熏烧。五是香丸，为豆粒大小的丸状香。六是香粉，又称"末香"或"香末"，是粉末状的香。

其中香末除了可以直接点燃之外，也可以打香篆，打好之后再点燃。打香篆的过程亦是修身养性的过程，打香篆既是一种技术也是一种艺术。没有足够的耐心和定力，很难打出优秀的香篆。香篆就是印香的模子，也称为香印、香刻、香模、香范。首先将香灰铺平，取香篆放在灰上固定，勺入末香铺在篆中镂空的部分，铺好，提起香篆，留印好的香纹，择起燃点焚之即可（图5-17）。

二　茶道与香道

所谓茶道，即茶人通过品茗活动来修身养性，体悟大道，从人茶合一升华到天人合一；所谓香道，就是在焚香、品香中，与所品之香灵性、魂魄的融入与合一。茶道与香道都是我国传统文化中重要的组成部分，成为一种休闲养生的精致生活，属于雅士文化的范畴。

1. 茶道与香道都是以"味"入道

茶道是以口入身，身心同受；香道则是以鼻入身，身心愉悦。由身入心，心神平静。两者都非常注重人的真实体验，既相得益彰又妙趣横生。茶需要用心静品，香也是如此。品茶时点上一支沉香线香，在享受茶叶苦后回甘的时候，品闻沉香的甘甜，茶叶的韵味与沉香香韵融合，给人碰撞冲击的享受，既符合于道，又安养于心，更有利于身体。

2．茶道与香道对人体都具有养生的作用

香，具有芳香养鼻、调养身心、养神养生的功效。茶，含有茶多酚、氨基酸、咖啡碱、维生素等有益物质，具有降脂消炎、排毒养颜、增强免疫力等功效。一年四季，春夏秋冬，不同的季节，都可以品茶品香。

3．茶道与香道在表演方面有相通之处

二者均有规范的步骤、仪式感和艺术性。香道与茶道都是中国的高雅艺术，人们借助茶道或香道器具的使用，以美的形式，达到良好的表演效果。在品茶中点燃一炉熏香，茶香与熏香混合，令人心旷神怡，身心愉悦。好茶自然要配好香，味觉与嗅觉的双重体验，才是幸福的生活。

4．茶和香，都可以入道

香道可以使人们修身养性，陶冶情操。香道，就是品赏香的美感之道，与茶道、花道，并称为"三雅道"，三者再加上琴道、书道并称为中国传统之魂。茶道与香道，其本质是一种照见心性的文化活动。在修习茶道与香道的过程中，获得人格的完善与境界的提升。茶与香，都是非常好的文化媒介（图5-18）。

图5-18　茶会焚香

第四节 茶席与挂画

陆羽《茶经》在最后一篇即"十之图"中提到，"以绢素或四幅或六幅，分布写之，陈诸座隅，则茶之源、之具、之造、之器、之煮、之饮、之事、之出、之略，目击而存，于是《茶经》之始终备焉。"字数虽不多，但陆羽将其作为一章单独呈现出来，由此可见，早在唐代茶道刚刚兴起之时，挂画在茶事上已经有了重要的地位。

挂画也就是字画，包括绘画和书法，形式有单条、中堂、屏条、对联、横批、扇面等。这些字画都是人们为了表达感情，并基于本能的创造欲、审美的追求而产生的作品，是智慧及生命力的结晶，其与茶一样都有着提升生活品质的作用，可以让人陶冶性情，获得艺术享受。在茶席的周围、茶席空间里搭配上富有茶趣的挂画，两者更是相得益彰，相互成就，意境更加深远，无须席主言语，看客已知其意。

一般情况下，只要是好的字画都可以悬挂，但悬挂时要结合茶席及茶会设计和举行的主题、目的，才能起到很好的修饰、装点作用。

一 挂画的作用和注意事项

1. 挂画的作用

（1）美化茶席。美好的事物不仅可以给人带来视觉上的享受，还可以使人心情愉悦，有助于心理健康，无怪乎现在茶及其相关的事物被称为生活美学。一幅赏心悦目的字画，无疑为茶席增添一分美学色彩。正如吴远之先生在《茶道九章》中指出的，一方面，茶通六艺，可以醒诗魂，解酒困，添画韵，增书香；另一方面，六艺助茶，多种艺术的参与，促成了多姿多彩、不拘一格的表现形式，茶道也通过六艺的渲染而更加绚丽多彩。

（2）怡情悦性。挂吊的作品不论是书还是画，也不论是中还是西，都可以增进人们对艺术的理解，表现自己想要述说的美感境界与气氛，也可以借此陶冶自己、家人或其他观赏者的心性。

（3）传达意涵。在茶室张挂的字画的风格、技法、内容表现了主人的胸怀和素养（图5-19）。在品茗环境里，挂画可以向饮茶之人表达主人的茶道思想。

2. 注意事项

茶席上的挂画，要与茶席相协调，整体风格与美感应有一致性，如果主题不明显，或者喧宾夺主，就会起到反面效果。字画的大小、格式及悬挂的位置，对茶席的结构和气氛的营造有很重要的影响。

挂画时应注意采光，特别是绘画作品。在绘画时，光源常来自左上方，故在向阳的居室绘画作品宜张挂在与窗户成直角的墙壁上，通常能得到最佳的观

图5-19　悬挂书法作品

赏效果。如果自然采光的效果不理想，应配置灯具补光。字画的色彩要与室内的装修和陈设相协调，画面的内容也要尽可能精炼简素。主题字画与陪衬点缀的字画，无论是内容还是装裱形式都要相得益彰。

二　茶席挂画的选择与欣赏

茶席挂轴的选择，重点是要与茶席、茶空间相契合。一般来说，茶席上的挂画多为书法、绘画或者两者结合，而绘画中又以山水画为主。

茶席上挂字画以一张为原则，若挂太多会显得繁杂，看起来也很累。所以茶席之美，美在简素，美在高雅，张挂的字画宜少不宜多，应重点突出。

如茶性俭一样，茶席挂画也应以淡雅、素简为主，必须契合茶会的主题，其色彩

图案不宜大红大紫，显得俗气。但如果是大型茶会，可根据情况适量悬挂，以让与会看客都可以找到相应的看点。

当然也有不适合挂画的场景，如户外茶席或茶会。户外的环境自成景色，给人比较旷达的空间感，不受空间的约束。如果此时挂画的话，会使人有局限感，也会因不容易悬挂固定而给人一种牵强感。

最后，要想学会挂画，先要了解和学会欣赏挂画。虽然大家对美的感知并不完全统一，但大多数情况下，对美的认知还是有共性的，一幅字画字面的含义、题跋的含义、画面所想要表达的意思等，布置者都应该有详细的了解，而且要不断提升自己的审美水平，避免出现在看客欣赏时出现无法对答、无法交流的尴尬场面。提升审美的途径无它，需要多看多研究。

第六章

茶会的组织

第一节 茶会的历史回顾

自古以来，在高朋满座、嘉宾列席的宴会里，主人和宾客之间进行情感的交流时，饮品起着重要的沟通作用。从历史进程看，最早是酒承担着这个角色。当茶文化发展到一定阶段后，逐渐产生了以茶代酒宴请宾客的宴会，即茶宴或茶会。按照《现代汉语词典》解释，茶会就是用茶与茶点招待宾客的社交性集会；茶宴则是指用茶叶和各种原料配合制成的茶菜举行的宴会。在古代，茶会和茶宴都是指用茶来招待客人的聚会，聚会时，除饮茶外，有时也食其他东西，甚至喝酒吃菜。在现代，人们多把只喝茶汤和吃茶点的集会称为茶会，而把吃茶菜的宴会称为茶宴。从某种意义上，茶宴也可以说是茶会的一种。

茶会有多种叫法，如茶宴、茶社、汤社等。古代茶宴因客而异，分品茗会、茶果宴、分茶宴三种。品茗会纯粹品茶，以招待社会贤达名流为主；茶果宴品茶并佐以茶果，以亲朋故旧相聚为宜；分茶宴才是真正的茶宴，除品茶之外，辅以茶食。茶宴追求清俭朴实、淡雅逸越，以清俭淡雅为主旨，展示希冀和平与安定的心愿。

一 早期茶会

我国茶宴的形成可追溯至三国时期。据《三国志·吴志·韦曜传》："孙皓每飨宴，坐席无不率以七升为限，虽不尽入口，皆浇灌取尽。曜饮酒不过二升，皓初礼异，密赐茶荈以代酒。"这开创了中国"以茶代酒"的先例，此后，也渐渐形成了集体饮茶的茶宴和茶会。

另据《晋中兴书》载："陆纳为吴兴太守时，卫将军谢安常欲诣纳。纳兄子俶，怪纳无所备，不敢问之，乃私蓄十数人馔。安既至，所设唯茶果而已。俶遂陈盛馔，珍馐必具。乃安去，纳杖俶四十，云：'汝既不能光益叔父，奈何秽吾素业？'"陆纳一向喜欢以茶宴招待客人，并以此作为"素业"，他的侄儿陆俶也因将"茶宴"擅自改为"酒宴"而挨了四十大板。

二 唐代茶会

正式的茶会，出现在唐朝天宝年间。由于文人雅士很喜欢茶会这种朴素真挚的交流方式，茶宴、茶会成为一种时尚。大历十大才子之一的钱起喜办茶会活动，并有不少诗句流传后世，最著名的一首为《与赵莒茶宴》，诗曰："竹下忘言对紫茶，全胜羽客醉流霞。尘心洗尽兴难尽，一树蝉声片影斜。"还有一首《过长孙宅与朗上人茶会》，也是记录在朋友家聚会品茶的情境。

贞元年间，进士吕温与柳宗元、刘禹锡等大诗人一起喝茶，写下《三月三日茶宴序》："三月三日，上巳禊饮之日也，诸子议以茶酌而代焉。乃拨花砌，憩庭荫，清风遂人，日色留兴，卧借青霭，坐攀香枝，闻莺近席而未飞，红蕊拂衣而不散。乃命酌香沫，浮素杯，殷凝琥珀之色，不令人醉，微觉清思，虽五云仙浆，无复加也。"由此可见，唐代文人茶会十分盛行，文人雅士们一边品茗，玩杯弄盏，一边吟诗作赋，清雅怡情。这一时期，陆羽、卢仝、刘禹锡、颜真卿、白居易、韦应物等都曾著书立说，对茶文化的推广贡献极大。

中唐时，湖州顾渚的紫笋和常州的阳羡茶同为贡品，特别是紫笋被陆羽评为仅次于蒙顶的天下第二名茶。每年早春采茶季节，湖、常二州太守在顾渚联合举办茶宴，邀集名流专家品茗评茶。有一年，白居易因病未能躬逢盛会，作《夜闻贾常州崔湖州茶山境会亭欢宴》感叹："遥闻境会茶山夜，珠翠歌钟俱绕身。盘下中分两州界，灯前合作一家春。青娥递舞应争妙，紫笋齐尝各斗新。自叹花时北窗下，薄黄酒对病眠人。"两州太守举办茶宴，邀请各路品茶高手品评新茶，提高贡茶品质。茶原产滇黔，名茶却多在江南，与地方官的努力密不可分。再者，受邀之人多为文坛雅士，茶宴又可成为文人名流品茶献诗的文化活动。如此盛况，难怪白居易因病卧北窗而自叹。

传世名画中展现茶宴场景的有《宫乐图》，又名《会茗图》，现藏于台北故宫博物院。画中展示的是着唐装的十二位宫廷仕女或站或坐于长桌四周，桌上摆放着一个大茶铛，茶铛中有一长柄杓，一女子正拿起杓，给自己舀取茶汤，另有正在品茗者、弹琵琶者、吹筚篥者、吹箫者等。画中所展现的场景与今天的茶会颇为相像。从画中可以看出，茶汤是煮好后放到桌子上的，饮茶时用长柄茶杓将茶汤从茶铛中盛出，舀入茶碗饮用。茶碗为越窑青瓷璧形足茶碗，可见，当时陆羽及其《茶经》对饮茶的重要影响。

这种茶宴，我国历代递延不绝。如《清异录》载，五代词人和凝嗜好饮茶，在朝时"牵同列递日以茶相饮，味劣者有罚，号为'汤社'"。

三　宋代茶会

到了宋代，茶会更为普遍。这一时期茶会的形式，主要有贵族茶会、民间茶会、文人茶会和禅茶茶会等。

宋代名画《文会图》相传为宋徽宗所作，以绘画的形式直观地展现了宋代文人雅士品茗的场面。画面取址一庭院，旁临曲池，石脚显露。四周栏楯围护，垂柳修竹，树影婆娑。树下设一大案，案上摆设有果盘、酒樽、杯盏等。八九位文士围案而坐，或端坐谈论，或持盏私语，儒衣纶巾，意态娴雅。竹边树下有两位文士面向寒暄，拱手行礼，神情和蔼。垂柳后设一石几，几上横置瑶琴一张，香炉一尊，琴谱数页，琴囊已解，似琴声奏罢，不绝于耳。大案前设小桌、茶床，小桌上放置酒樽、菜肴等物，一童子正在桌边忙碌，装点食盘。茶床上陈列茶盏、盏托、茶瓯等物，一童子手提汤瓶，意在点茶；另一童子手持长柄茶杓，正将点好的茶汤从茶瓯中分盛茶盏。床旁设有茶炉、茶箱等物，炉上放置茶瓶，炉火正炽，显然煎水正急。从人物周边的亭台、参天大树、竹子等可以看出，这是一场户外茶会。茶会的组织形式和设计安排都已非常成熟，从备茶、烧水、备具、茶点准备等，均十分完备。

宋代茶会盛行斗茶。民间经常举办以斗茶为主题的茶会活动。斗茶又叫"茗战""点茶""点试"，是茶事中的"竞技项目"。比赛评定标准主要看煎茶、点茶和击拂之后的效果：一比茶汤表面的色泽与均匀程度，一般以纯白为上，即像白米粥冷凝成块后表面的形态和色泽为佳，称为"冷粥面"；青白、灰白、黄白则等而下之。二看茶盏内的汤花（汤面泛起的泡沫）与盏内壁相接处有无水痕。水痕少者为胜，或者汤花泛起后，水痕出现的早晚，早者为负，晚者为胜。如果茶末研碾细腻，点汤、击拂恰到好处，汤花细匀，有若"冷粥面"，就可紧咬盏沿，久聚不散，这种最佳效果名曰"咬盏"。反之，汤花泛起，不能咬盏，会很快散开。汤花一散，汤与盏相接的地方就会露出"水痕"（茶色水线）。因此，水痕出现的早晚，则成为汤花优劣的依据。比赛规则一般是三局二胜，水痕先出现便是输了"一水"。苏东坡有诗云："沙溪北苑强分别，水脚一线谁争先。"为了便于辨色，茶盏以黑色为佳，普遍使用的是黑色兔毫建盏。

由此判断，斗茶类似近代的职业联赛，是茶行业中的重要比赛。范仲淹《和章岷从事斗茶歌》便对斗茶的过程，作了细致传神的刻画。"斗茶味兮轻醍醐，斗茶香兮薄兰芷。其间品第胡能欺，十目视而十手指。胜若登仙不可攀，输同降将无穷耻。"

宋时寺院中的茶会，亦非常盛行，仪轨完整、威仪庄严。在宋代宗赜《禅苑清规》中，对于在什么时间吃茶，以及其前后的礼请、茶汤会的准备工作、座位安排、主客的礼仪、烧香的仪式等，都有清楚细致的规定。其中，礼数最为隆重的当数冬夏两节（结夏、解夏、冬至、新年）的茶汤会，以及任免寺务人员的"执事茶汤会"。宋代寺院茶会中，最著名的是径山茶宴。径山寺曾为江南五山十刹之首，径山茶宴是径山寺独特的茶会礼俗，以茶礼宾，以茶参禅，以茶播道，在不断发展中形成了内涵丰富、意境清高、程式规范的茶礼茶俗。漫漫一千二百多年，径山茶宴不仅涵盖了博大精深的中华禅茶文化，而且成为日本茶道之源，具有展示中华文化伟大创造力的重要价值。

四　元明清茶会

朱权《茶谱》"序"曰："命一童子设香案携茶炉于前，一童子出茶具，以瓢汲清泉注于瓶而炊之，然后碾茶为末，置于磨令细，以罗罗之。候汤将如蟹眼，量客众寡，投数匕入于巨瓯，候茶出相宜，以茶筅击拂，令沫不浮，乃成云头雨脚。分于啜瓯，置之竹架。童子捧献于前。主起，举瓯奉客曰：'为君以泻清臆。'客起接，举瓯曰：'非此不足以破孤闷。'乃复坐。饮毕，童子接瓯而退。话久情长，礼陈再三，遂出琴棋。"焚香备具，取水煮水，碾茶成末，点茶分茶，敬茶接茶，清淡与喝茶交替进行，并有琴谱，完备地描述了文人相聚进行茶会的流程。

文徵明的《惠山茶会图》也是一个重要代表，该图描绘了明朝正德十三年清明时节，文徵明与好友蔡羽、汤珍、王守、王宠等人游览无锡惠山，在惠山泉边聚会饮茶赋诗的情景，是一次文人的露天茶会。明代佚名《十八学士图》描绘的是文人雅士的雅集活动，品茶、插花、抚琴、焚香、对弈、赏画、读书、赏景，内容丰富的一场茶会跃然画上。可以看出画中文人的清逸雅趣，也证明四艺与文人生活息息相关，而品茶则涵盖一切。还有很多画作反映了当时的茶事，如丁云鹏的《卢仝烹茶图》《玉川子煮茶图》《煮茶图》、唐寅的《品茶图》《琴士图》《事茗图》等。

清代的茶宴盛行，则与清宫的重视有关。乾隆皇帝一生嗜茶，首倡在重华宫举行茶宴，据记载曾有六十多次。据《清朝野史大观》"茶宴"条记载，每年元旦后三天举行茶宴，由乾隆钦点能赋诗的文武大臣参加。康熙、乾隆两朝，曾举行过四次规模巨大的"千叟宴"，多达两三千人，把全国各地六十五岁以上的老人代表都请来，席上赋诗。茶宴一开始要饮茶，先由御膳茶房向皇帝进献红奶茶一碗，然后分赐殿内及东西檐下王公大臣，连茶碗也赏给他们，其余赴宴者则不赏茶。

第二节 茶会的主要类型

各种茶会活动是茶道研习和茶道精进的途径之一，也是扩大视野、锻炼能力、增进情感的重要方式。茶道研修者，既要参加茶会，以茶会友，又要懂得举办茶会。我们鼓励茶道师多参加和举办各种形式的茶会活动，这样既可以锻炼自己的综合能力，促进茶道技能的提升，又可以增进人与人之间的感情交流，提高文化素养。

现代茶会的基本形式主要包括仕席、云席等几种。

一 仕席（文化雅集）

仕席，亦为大益重要的茶会形式之一。它属于较大规模的文化雅集。"仕"者，雅士也。"仕席"则是指雅士之集。仕席专指茶道人士和茶道爱好者共同参与的茶道主题沙龙，大家聚在一起，品茶论道，交流思想，传播文化，弘扬茶道。

仕席的形式相对灵活，没有礼席那样庄重和严格的规范要求，内容也不局限于茶道或茶文化，它可以是传统文化艺术方面的内容，也可以是其他内容。根据内容的不同，仕席又分为品茗茶会、学术茶会、艺术茶会、纪念茶会等。

1. 品茗茶会

品茗茶会是仕席的一种。这类茶会以品茗为主要内容，主持人会向参加者介绍某种或者某几种茶品，讲解该茶品的相关知识，然后共同品饮，一起交流、分享心得，并切磋技艺。通常而言，茶会上会安排一些茶艺表演或艺术节目，以活跃茶会氛围，有时举办方还会在茶会上发布一些重磅产品（图6-1）。

2017年10月，大益以"五千年逐中华梦，吾以吾茶敬轩辕"为主题，在十三朝古都西安举办了一场隆重的新品发布会，推出了大益新款号级茶——轩辕号。轩辕号身披"史诗级巨作普洱茶"的光环与荣耀，

图6-1　茶晶茶会

开启了一个号级茶的新时代，让众多茶人心潮澎湃、思绪万千。新产品、新风格、新价值，预示着新时代已然来到。在21世纪的今天，中华民族的伟大复兴在即，中国重新崛起的梦想将要实现。华夏儿女无不精神焕发，扬眉吐气。

2. 学术茶会

学术茶会是仕席的另一种，专指学术性的研讨茶会。研讨的主题并不局限于茶道或茶文化，它可以是传统文化方面的内容，也可以是社会科学方面的内容，比如管理、哲学、艺术等。例如，中国人民大学茶道哲学所自成立后，每年都举办数期的"哲学家茶座"，邀请国内外一流的茶道研究专家来主讲某个话题，得到了社会广泛好评（图6-2）。

3. 艺术茶会

艺术类主题茶会以某种艺术门类为主要表现内容。比如诗画主题茶会，不仅有一般茶席必备的器物，还会设书画席、琴席、香席，笔墨纸砚一应俱全，席主自己熟知诗画，茶席设计以诗歌或古代典籍为主题，配合茶品特征，让茶味诗韵融于一席之中（图6-3）。

图6-2 学术茶会

图6-3 艺术茶会

4. 纪念茶会

从规模、流程、标准上看，纪念茶会一般都有较高的规格，适合重要的纪念活动、大型慈善、国际高峰论坛、发布会等活动。比如，2015年9月，为纪念中国人民抗日战争暨世界反法西斯战争胜利70周年，大益集团特别邀请66位美国援华老兵及其家属回到昆明，承办了一场声势浩大的"英雄茶会"。茶会分为"历史记忆""英雄归来""和平万岁"三个环节。这是一场特别的"礼席"，大益茶人以最高的东方式礼节向中美抗战英雄老兵致敬（图6-4）。

图6-4 纪念茶会

二 云席（户外雅集）

"云"本身给人以潇洒大度、从容不迫、无拘无束的心理感觉。云席专指茶道人士和茶道爱好者共同参加的郊外露天的自在茶聚（图6-5、图6-6）。

❶ 图6-5　云席茶会

❷ 图6-6　云席茶会用具

举办云席茶会最好选择自然风光优美、又不脱离人间烟火之地。环境是云席活动最为重要的因素，由景生情，借景抒情，才能将茶与文艺活动自然融于环境之中。

临水设席，取水流之淙淙，清波之荡漾，与茶汤的流转变幻亦是相应。临水席最好在夏天，炎炎酷夏，山间自然清凉许多，溪水边柳绿成荫，蕨草掩映，又多了些凉爽之意。若水流可以做成曲水流觞的茶会，也是一种风雅。

再者，设席于松下、竹畔、荷田、蕉叶下最是清趣。松涛竹浪声声入耳，荷香随风，采一两片荷叶、芭蕉叶即是天生的席布。每年春秋两季，在古茶园里设简茶席，拾块平坦的枯木做壶承，冲泡一壶老茶，茶香里交织着茶树特有的气息。

在唐朝时期，陆羽的《茶经》里把"都篮"列为事茶不可缺少的物件。这都篮是文人雅士们提着出门吃茶的必备，溪边松下，摆开都篮，把里面的茶具一件件摆上具列。而清代、民国时有一种藤编的竹提篮，不仅保温还安全妥当，提着它走到哪里都可以喝到热茶。这些都是茶具收纳的典范。

现在也有茶者，会收集江浙一带的老竹篮，里面用布袋分装茶器，到了山野间摆开茶席，老竹篮也可以作为花器或者搁物架，自成一景。

云席，随兴而起，因境而定，浪漫闲适，接近"游于艺"的境界。在茶事过程中，本应崇尚本真自然、不事雕琢、质朴无华与返璞归真。饮茶的真谛，在于以茶之真感悟人性之真，以茶之自然领悟人性之自然，以茶之纯朴感悟人性之纯朴，从茶的真香、真味体悟其自然之性和本真状态。

所以，云席的内涵就是一种最本真的茶事体验形式。

茶会的组织方法

第三节

一场有品质、有专业水准的茶会活动的组织与落实，是很不容易的事情，需要精心的安排、周密的布置和团队的共同努力。如果组织不当或者考虑不周，在茶会活动中就很容易出现纰漏或失误。茶会的组织主要分为两个阶段：筹备阶段和实施阶段。而参加茶会活动，也需要参与者的支持与配合。

一　筹备阶段的主要工作

1. 确定主题

组织茶会时，我们首先要确定一个主题，以茶品、节日、纪念活动等都可以。

2. 确定日期

开设茶会的时间：一般选择周末的下午或工作日的晚上，主要是为了方便嘉宾安排时间。

3. 确定规模

根据茶会主题和期望达到的效果，确定邀请嘉宾的数量和嘉宾的构成。茶会一般采取茶席模式，即按嘉宾人数设数方茶席，标准席为每席6人，其中席主1人，宾客5人，若嘉宾为40人，则设8席。

设席的目的：一是方便席主以专业器具冲泡，确保宾客能品到最美的茶汤，能品鉴每一泡茶的微妙变化；二是通过精心布置的茶席，让嘉宾感受到茶道之美、茶事之雅，营造唯美、清雅的品茗环境；三是体现主办方的诚意和专业性。

当然，确因规模和场地问题，也可以考虑采用奉茶模式。奉茶也更考验冲泡者的水准。

4. 勘察场地

根据茶会人员规模挑选适合的场地。场地宜选择环境清雅、整洁的，室内茶会要考虑音响、投影设施齐全；室外茶会依然要考虑嘉宾的收看、收听事宜，能满足用电、用水需要，同时交通要便利。

5. 确定茶品

一般现场品饮2、3款茶为宜，生、熟、老茶兼顾，期间还须准备一道适口的茶点。宾客亦可自带一种茶品分享，在最后环节冲泡，称为"体己茶"。

另外，茶点的准备要注意：体型不宜过大，味道宜清淡，不宜过重，掉渣严重的也不建议考虑（图6-7）。

6. 确定席主

茶会之中，席主最为关键。席主要求识茶懂具，冲泡技术娴熟，经验丰富，形象端庄，注重礼仪。席主宜穿茶服，女士应上淡妆（图6-8）。

❶ 图6-7　茶点
❷ 图6-8　席主

7. 茶席设计

一般由席主根据茶品、时令、茶会主题等设计各自的茶席（图6-9
至图6-11），包括选器、布席、插花、命名、释义等。如场地宽敞，还
可另设观赏席，不冲泡茶品，仅供观赏，营造氛围。较开放式的场地，
还可设流水席，以大壶冲泡，为路过、围观的客人奉茶。

图6-9 茶席1

图6-10 茶席2

图6-11　茶席3

8. 确定主讲嘉宾、主持人

根据茶会主题邀请主讲嘉宾和分享内容，要求内容专业、表达生动，能吸引现场嘉宾。主持人要求气质端庄儒雅，台风端正而不失风趣，有较强的控场能力。

9. 确定表演节目

茶会适合安静、清雅风格的节目，以免破坏品茗意境，如古筝、古琴、笛箫、昆曲等传统音乐（图6-12），现场书画泼墨挥毫，太极、瑜伽等。

10. 确定互动环节

为丰富茶会体验，可邀请宾客现场分享品茗感受、结缘故事，亦可适当安排有奖问答、嘉宾抽奖等环节，但要注意度和时机的把握（尽量放在茶会后期），不宜太喧闹（图6-13）。

❶ 图6-12　古筝演奏

❷ 图6-13　茶会上的互动

11. 确定工作团队

除了活动总指挥、总协调以外，一般分为几个小组：

（1）策划组——撰写策划方案，设计制作物料，会场布置、音响、投影。

（2）茶席组——设计茶席，现场冲泡，与本席宾客交流。

（3）司水组——集中烧水，并根据席主示意，随时准备添水，奉茶点。

（4）表演组——负责现场节目表演的组织。

（5）接待组——负责嘉宾邀请、现场引领。

（6）宣传组——摄影、摄像，宣传报道。

12. 确定策划方案

包括活动详细流程、物料清单、人员安排及预算等。

13. 设计制作活动物料

活动物料包括背景板、易拉宝、茶笺（茶会流程单，可与邀请函合二为一）（图6-14）、席卡（正面为席名，反面为"止语"字样）等。

茶笺的制作方式有两种：一是由茶会组织方设计组设计并制作，该种是专门设计并打印的茶笺，相对来说更加规范；二是手工制作，茶席人员使用独特的材质、别出心裁的设计、点明主题的装点等创作出来的茶笺，是茶席上的一抹亮色，既能显示出席主的创意，也能展现出席主的才情（图6-15）。

14. 邀请宾客

至少提前一周邀请宾客，并进行确认。宾客可固定席位，亦可随机入席。

图6-14　茶笺

图6-15　自制茶笺

15．茶会预演

重要的茶会活动，组织者需要提前一天进行排练、预演。

16．确认宾客

茶会前一天，最后一次确认宾客是否到场。

二　实施阶段的准备工作（以下午活动为例）

1．上午的准备工作

（1）会场布置——设置背景板、易拉宝、桌椅，测试灯光、音响、投影设施等。

（2）席主进场——布置茶席，插花（部分花材须当日采或购），试水、试茶，做好准备工作，以待正式入场。

（3）演员进场——排演节目，调试音响、投影效果。

（4）流程确认——主持人调度，对整个流程进行最后一次确认。

2. 下午的准备工作

（1）拍摄照片——在茶席未正式启用前，对完整茶席、席主进行拍照、留存。

（2）嘉宾入席——背景音乐启用，嘉宾排队，轮流净手、签到（图6-16）。

（3）席主入席——待嘉宾入场完毕，席主列队入场，向嘉宾行礼过后，入席（图6-17），再次检查茶品、茶器。

❶ 图6-16　净手

❷ 图6-17　席主列队

图6-18　静心

（4）茶会开始——主持人上场，宣布茶会开始，介绍活动背景，与会嘉宾，注意事项。

（5）宾主静心——主持人带领全体宾客静心一分钟。静心时可以有引导语也可以采用静默的方式。引导词以能够让宾主静下心来为好（图6-18）。

（6）品饮第一道茶——以茶鼓（可以鼓、钟、铜钵等地方特色的打击乐器充任）为号，开始冲泡第一道茶。每一道茶的前三泡，要求宾主止语，专注于泡茶、品茗。此时，席主将席卡的"止语"一面朝向宾客，同时会场辅以淡淡的背景音乐。

（7）主讲嘉宾分享——三泡之后，主持人请上主讲嘉宾开讲。席主将席卡之席名一面朝向宾客。嘉宾分享结束后席主与宾客可小声交流。

（8）品饮第二道茶——以茶鼓为号，席主换茶，开泡第二道茶品。前三泡同样止语。

（9）节目表演——三泡之后，欣赏节目表演，或者嘉宾分享。

（10）奉上茶点——第二道茶品品完，奉上茶点。

（11）互动环节——茶会尾声，可安排宾客感言、抽奖等环节，气氛可热烈一些。

（12）茶会结束——主持人结束语，感谢席主（此时席主起立），感谢主讲嘉宾和表演嘉宾，感谢工作人员，感谢全体宾客。

最后大家可以合影留念。席主和工作人员对现场进行收拾和整理之后，茶会就全部结束了。

 ## 三　参加茶会的注意事项

参加茶会，应该仔细阅读组织者的邀请函和相关提示，尽量按照组织者的要求去做。

（1）要衣着素雅松弛，女士不要用浓烈的香水，也不要浓妆艳抹。

（2）入席前，要询问或寻找自己在茶席的落座位置，主次有序，对号入座。落座后，坐姿优雅放松，并主动向席主和其他宾客问好。

（3）茶会开始后，手机应静音或振动。如有急事接听电话的，必须轻声离席，在声音干扰不到茶会的地方接听电话、处理私事。

（4）席主泡茶时，在座的人员，尽量不要讲话，不隔席、隔人大声讲话，相邻人员如需交流，声音以不影响第三个人为佳。

（5）席主分茶时，要微笑表示感谢，不可轻视辛苦泡茶的席主。

（6）茶会进行过程中，要遵从茶会的规定，不能随意拍照或离席走动拍照，以免影响茶会的秩序与他人情绪的安定。

第四节 主题茶会的示范

一 云席茶会的示范

2020年春天的云南昆明，樱花、桃花、梨花、油菜花、垂丝海棠竞相开放，汇成一片花的海洋。我们就以一场云席春茶会为例，筹办一场户外茶会，让大家感受自然之美的惬意与舒适。

因此，我们此次的云席春茶会选在昆明郊外村野的一片万亩梨园中。早春梨花开得正好。只见雪白的梨花开满枝头，含苞待放的骨朵还带着淡淡的粉色。老梨树硕大的枝干遒劲有力，形状迥异，弯曲分杈，托举起的一片白云舒展。雪白的花层层叠叠飘逸柔情，银辉闪耀、流光溢彩，好似锦绣之银缎，璀璨之美玉，独具神韵。树下是茂盛的青草、野花以及零星的金黄色的油菜花，微风带着花香迎面扑来，顿时心旷神怡，整个心都醉在春风里。

此次云席春茶会的器具，我们做出如下选择。

1. 茶桌及座椅

户外云席一般以大地为席，不配茶桌及椅子，以让宾主更好地与大自然融为一体。考虑有宾客弯腰不方便的，也可以带上藤制的矮茶桌，因其是采用纯植物制作，能很好地与大自然融为一体，是一个很好的选择。坐垫可以选择蒲团或是棉麻材质的垫子，也非常契合云席场合。当然，如果宾客不介意席地而坐也是可以的（图6-19、图6-20）。

2. 桌布

如果以大地为席，为了阻隔泥土，需要准备一块桌布，颜色以中间色为主，材质以棉、麻等纯天然材质为好。如果使用藤制的矮茶桌，因其材质和色泽已与大自然很好地呼应了，就不必再使用桌布了。

3. 席布

席布的颜色可以选择大地色系，与大地的颜色相契合，也可以选择

图6-19　梨花园中的云席1

图6-20　梨花园中的云席2

草绿色、浅绿色等富有春天气息的颜色。席布的材质以竹、麻等天然材质为好。

4．水

为了方便携带，可以选择容量适度的瓶装水或桶装水。

5．烧水器

在没有办法通电的情况下，可以带上泥炉和配套的烧水器，以及木炭。如果怕在户外木炭不易点燃，且又烧水太慢，可以带上保温瓶、保温桶之类的容器，将烧好的开水装入，带至现场。

6．主泡器

考虑此次有一生一熟两款普洱茶，本次使用陶瓷质地的盖碗及侧把壶为主泡器。主泡器的颜色上选用白色、草木灰釉色、青花等符合春天气息的色彩。

7．公道杯

陶瓷或玻璃质地的公道杯都是合适的选择，且器口带花纹状，或水滴状的都合适。重点是能稳稳地放在席上，防止出现因席面不平整而倾倒的情况。

8．品茗杯

考虑春天昆明的风较大，为防止茶汤过快冷却，可选择杯壁偏厚的品茗杯，或器型稍高一点的陶瓷品茗杯。

9．杯垫

杯垫的材质选用竹制、藤编、陶瓷等均可以，唯有一点，为拿取品茗杯方便，杯垫的高度应矮一点。

10．茶荷、茶匙

茶荷、茶匙应选用竹制的材质，简单大方，也是自然界常见的材质。

11. 匙搁

可以用简易的鹅卵石、梨树枯枝小段等为匙搁。

12. 水洗

以雅致颜色的水洗为好，且需要具备一定的容量。

13. 插花

以优美的梨花枝条作为插花；地面上的一些有野趣的小野花，可以利用起来；还有散落在席上的花瓣，这些都与茶会的环境非常相宜（图6-21）。

14. 茶品

本次茶会以大益庄园生茶、熟茶为品饮茶品，以茶名呼应茶会，举办的地点选在户外。

图6-21　云席茶席中的插花

15. 茶点

选用云腿小饼为本次的茶点。

16. 整理

本次茶会涉及多席茶席，将茶席按照以上的选择思路匹配好之后，接下来就可以收纳起来。因茶器等均属于易碎物品，在收纳时，需要先装入有一定厚度的棉麻布袋中。品茗杯收纳时中间需有茶巾或纸巾分隔，防止相互撞击造成损坏。各类茶器经布袋装好之后就可以放入收纳提篮中。当装满器具后，将提篮里的袋子口部收住，防止茶器在运输的过程中掉落出来。

茶会结束后，在离去之前，需要将场地收拾得干干净净，不留任何垃圾。使用过的器具经过初步清理，重新用棉麻布袋装好，收纳入提篮之中。

二　仕席茶会的示范

接下来让我们一起共赴一场"琵琶茶语"的仕席主题茶会。

这场茶会的地点在一处大益青年茶庭空间内，时间为夏季，7月份。该茶庭空间中心的位置，估算可以容纳40位嘉宾，但场地的中间有一个大型桌子无法移走，只能加以利用，如果利用得当，反而有意想不到的效果。在此处要说的是，室内办茶会时，因为空间的限制，有时候会有一些特别需要考虑的因素，做到合理利用、合理布局即可。

此次"琵琶茶语"仕席茶会的相关器具，我们做出如下选择。

1. 桌布

桌布颜色以中间色为主，材质以棉、麻等纯天然材质为好，与茶的气质相契合（图6-22）。

图6-22 "琵琶茶语"茶会现场布置

2．席布

因茶会的时间是在夏天，所以选择一些清凉的色泽，以在视觉上给人凉爽的感觉，如浅绿色、深绿色、银色、灰色等。席布材质以竹、麻等天然材质为好。

3．签到台

入口处设签到台，需准备空白的卷轴以供嘉宾签到使用。

4．烧水器

室内茶会，用电烧水最是方便。因此次茶会空间相对较窄，故可采用集中烧水的方式解决。

5．主泡茶

因是夏天，选用陶瓷质地的盖碗或壶为主泡器，颜色上选用浅色，以在视觉上产生清凉感。

6. 公道杯

陶瓷或玻璃质地的公道杯都是合适的选择，形状上可以选用器口带花纹状或水滴状的。

7. 品茗杯

考虑选择玻璃材质的品茗杯，或者撇口的陶瓷品茗杯，总之不选高或厚的品茗杯，否则不利于茶汤散热。

8. 杯垫

杯垫的材质选用陶瓷、金属等均可以。

9. 茶荷、茶匙

茶荷、茶匙应选用竹制或金属制，简约大方。

10. 匙搁

以简易的鹅卵石、竹段、珊瑚石等为匙搁。

11. 水洗

以雅致颜色的水洗为好，且需要具备一定的容量。

12. 插花

以夏天常见的花材进行插作，如荷花、石榴枝、蕾丝花、绿毛球等。签到台处的迎宾花适宜大型，茶席之上的花作应以简单清雅为主，不宜高、大。

13. 茶品

选用普洱生茶7542和普洱熟茶7572为茶会的茶品，以满足在场茶客对老茶的需求。

14. 茶点

以桂花小饼为本次的茶点。

15. 茶笺

茶笺为统一设计制作，正面为举办单位、茶会主题、时间、地点；背面为本场茶会的节目、茶品名称、茶点名称。

16. 茶乐

本场茶会的主题是琵琶茶会，琵琶演奏是本场茶会的主角，《琵琶行》是本场茶会的重要曲目。

17. 茶席设计

依据茶室中间大桌的走向，设计一个大的装饰性茶席，唐代白居易的《琵琶行》中提到了茶，"前月浮梁买茶去"，地点是在"浔阳江头"，"别时茫茫江浸月"。诗的背景是在江边，因此用白色的石子营造出江面，用曲面玻璃营造出波光粼粼的感觉，干冰的效果营造出了水面氤氲的效果，水上有船、有浆，水中有荷花生长。"移船相近邀相见"，可见，主人从江边来到了船上，一是为琵琶女的琵琶声所吸引，二是惜别，此时搭配的石榴花正好表达了主人的情谊。一千多年前的白居易和友人在江上听琵琶女弹奏，一千多年后的我们坐在此处边饮茶，边听着《琵琶行》曲，好一个相隔千余年跨越时空的映照（图6-23）。

一个精心布置的茶席，不但能增加品茶时的仪式感，更是能让茶之灵秀透过视觉、嗅觉、味觉形成冲击，最终给品茗者留下深刻印象（图6-24）。

图6-23 "琵琶茶语"茶会

图6-24 "琵琶茶语"茶会细节设计

茶者修为

茶道是关于美的哲学，美的艺术。所谓技进于道，艺可通道，一席精美而适用的茶席亦是以茶修行的基础。而茶席的营造与运用有赖于席主，而作为席主，不但需要熟悉茶与器的特性，同时须具备多方面的素养，方能赋予茶席灵动鲜活的生命力，成就其内在的韵味与精神。

一　茶者修养

茶者修养是指一个茶者所应该具备的基本品格与涵养。从习悟茶之美妙，到升华品茗内涵，再到服务社会大众，要实现茶道境界的提升，茶者需要不断提高自身的综合素质与文化修养，这主要体现在以下方面。

1. 农夫之厚实

农夫之厚实，是指作为中国传统农业生产者所具备的厚重、朴实、勤奋、谦卑的综合品质。

茶业与农业有着密切的联系。传说中的茶祖"神农氏"就是农业的发明者和医药的鼻祖。茶叶来源于茶树，而茶树是靠农民栽培与种植的。从事茶树种植与栽培的农民，称为茶农。茶园的耕种，是茶业的基础，需要茶农的辛勤劳作，才能产出好茶。故茶者应该保持农夫沉稳厚道、踏实勤恳、俭朴谦慎的朴实本色，不弄虚作假，不好高骛远，穷其一生能持守本分。

2. 工匠之巧能

工匠者，艺之工者也，指擅长某种工艺的人。《荀子·儒效》："人积耨耕而为农夫，积斫削而为工匠。"要借鉴工匠对作品精雕细琢、精益求精的精神理念、始终如一的职业态度与敬业精神，专心致志，力臻完美。

3. 文人之气质

文人气质指一位饱读诗书、学识渊博的学者，所表现出来的优雅举止和翩翩风度。巴丹在《阅读改变一生》一书中精辟地指出："阅读不能改变人生的长度，但可以改变人生的宽度；阅读不能改变人生的起点，但可以改变人生的终点。"在大益茶道弟子规中，对茶道师的要求"余时学文"亦是其中一项。此外，在拥有足够的学养的同时，还应有独立的人格和高尚的品德。历史上，知名的爱茶之人很多都是才高八斗的诗人、艺术家、政治家等。茶人虽小，常怀报国之志；茶道虽微，亦发重振之心。

4. 菩萨之心肠

茶者应心地善良，慈悲济世，以益己益人的基本理念，自利而利他、自觉而觉他、自度而度他，及时而优雅地行善。

二 茶修进阶

中国茶道是知行合一的体系。一位真正的茶人，既要学习茶叶知识与技能，也应将其在生活中予以运用，并以茶道之精神来规范自己，努力提高自己的道德修养水平。所以，于茶人而言，每日茶道研修是必须的，在每一次的拿起和放下中思考、总结和调整。子曰："温故而知新，可以为师矣。""学而不思则罔，思而不学则殆。"在茶道习练中，成长、参悟，不断品悟人生，修己、修身、修心。不同的阶段，遇见不同的茶、器、境，遇见更加美好的自己。

学习一项技能或是一门知识，道路是通达的，方式是多样化的，所谓学无止境。当茶道师结业取得证书的那一刻，学习才真正开启。余时，在各类书本中或不断的茶道习练中寻找更多的答案与方向；更要走进身边的寻常事物与大自然中，体悟生命的真意和自然的规律，以自然为师；带上一颗纯净、安宁的心，于一方小小的茶席中，感知并传达茶之益、水之德和器之雅。

以茶修行，一般可分为四个阶段：茶性生根，茶者入画，茶香熏道，持杯益人。我们从最初的懵懂好奇接触，到深入学习，再到不断精进，而后在熟悉的动作中不断重复，无论是心的记忆还是肌肉的记忆，你都会发现手中的茶器与茶叶的瞬息万变，奇妙无穷。秉承"惜茶爱人"之初心，将此之美妙传达给更多爱茶之人。茶者持杯益人，正如医者"悬壶济世"，达此境界者，必定心宽如海，识见深精，品行高雅，益众渡人。茶无语，道有义。下足实在功夫，茶杯落下，得大道者，自然清净无我。正所谓：慈容如拂面春风，茶汤是沙漠甘泉。

图7-1　茶修进阶考核

故，对优秀的茶道师来说，不断地重复与探索是很有意义的，知识的能量是无穷尽的。首先必要的是钻研关于茶的专业知识，打好根基，习练的过程中不断拓宽范围，从人之味觉、嗅觉、听觉、视觉和触觉五感体验深入研究并开发。故此学习，范围之宽，内容之精深，需要不停地学习才能获得（图7-1）。

茶道应以进阶的方式学习，让习茶循序渐进、深入浅出。如初阶学习茶道的历史、发展等之《茶道九章》、茶品品鉴方式方法之《精通普洱》、日常精进必练的大益八式之《大益基础茶式》，通过几门课程的学习全面了解并夯实基础知识；通过初阶学习与习练，考核通过后方可进入二阶课程，此阶段习茶上升至审美的维度，知识覆盖延伸至茶、器具和茶空间等内容，需要茶道师不断钻研，拓宽视野、多元素运用，将领域美学及技术恰当地融入茶席乃至茶空间当中，让品茶、习茶更赋予生活美学的意义，保留茶道传统美学的同时符合当下时代审美需求，提升茶道生活的品质。三阶则是在综合前面两个阶位学习后，通过晋级、比赛的模式扎实其功底、锻炼其心智与习茶过程中的应变能力等的综合考量。如此一阶又一阶的升华乃至九阶或是超级茶道师。这样系统的习练与考核，需要更久的时间与更深的钻研，一切始于对茶道的热爱与执着。

"一花一世界，一叶一菩提。"小小茶席，涵容乾坤；香气蒸腾，意境氤氲。每次冲泡，每次啜饮，每次品赏，每次感悟，每片茶叶，都是一次浓缩的人生经历；每杯茶汤，都是一种人生境界的体现；每滴茶水，都蕴含着人与人之间、人与茶之间的缘分。人的一生就是一期，有缘一会则弥足珍贵。

一 茶者九容

"九容"是指人们日常行为举止九个方面的仪态。君子"九容"是儒家经典《礼记·玉藻》中对君子的日常行为礼仪规范，是对君子该有的言行举止的九个具体仪态要求，为"足容稳，手容恭，目容端，口容止，声容静，头容直，气容肃，立容德，色容庄"。而茶者九容即君子九容，秉持茶者九容是遵循茶道礼仪的基础。茶道礼仪是茶者在茶事活动中应该遵循的各种礼仪规范。茶道崇德尚礼，无礼则失仪，无仪则失态。泡茶者的容貌、姿态、风度、举止等是茶道礼仪的重要细节。

1. 足容稳

古语有云：站如松。每个人的外在言行都是内在的表达。日常生活中，站姿与行走的状态最能体现一个人的气质和修养。无论站立还是行走，都应如足下生根一样，让脚步稳重，挺拔中正，切忌左摇右晃、颠步行走。尤其在面对陌生人时，"足容稳"不仅仅是一份自持，也是对他人的恭敬。

2. 手容恭

手要有恭敬之意，不能乱放乱指，否则显得轻浮。行茶过程中，手持茶器在茶席上，恭敬的手势是四指并拢，拇指贴合，手掌微曲。行茶时讲求左右手协作，但尽量避免双手同时进行，要讲究舒缓柔和，快慢有度，宜多用伸掌礼，即四指并拢，拇指微弯贴合虎口，手掌微曲，可表示"请"等意思。

3. 目容端

眼睛是心灵的窗户，眼神有时比语言更能够表达我们的内心状态。行茶中与人目光对视时，应正视而不斜视，眼神坚定而温柔，切忌眼神游离或躲闪。行茶中眼随手到，心随眼到，所有动作应该是有灵性的，注重眼神互动。

4．口容止

说话要注意分寸，不该说的时候不要说话。在行茶时应止语、专注，专注于泡好一泡茶之后再说话，不要一边泡茶一边说话。并且与茶无益的念头，不起，与茶无关的事，不说。

5．声容静

保持安静是茶师在茶席间的根本。说话的声音应干净、温暖而又具有亲和力。行茶中每个动作要干净利索、安静有序，需要杯垫等来减弱茶器之间碰撞产生的不和谐的声响。

6．头容直

脑袋不歪斜，不倾顾，不摇晃。直则正，无论是注水，还是出汤，都不能头部歪斜。保持头部端正，整个身体自然放松，让茶友感到赏心悦目。"头容直"既是对自己身体健康的一种保护，也是对他人的一份尊重。

7．气容肃

呼吸平稳，气息平缓，给人恭谨之感；忌呼吸失控，动怒。气质、气场，是真实存在的，它就是我们每个人由内而外散发出的一种能量，所谓"腹有诗书气自华"，是内在积累的外在表现，肃是一种端庄得体的气质，更是一种韵味。

8．立容德

茶人也有"站相"，站的时候要给人一种随时准备待客、预备沟通的谦虚礼貌的姿态。进一步说，以德安身立命，茶人要讲求茶德，就是要有道德风尚，追求真善美的境界。以德立天下，德慧双修是茶人必修的功课。

9．色容庄

脸色温和，表情自然，妆容得体。茶道师仪容仪表的基本要求是：妆容淡雅，着装简洁得体，不涂抹香水及香气浓郁的化妆品，不佩戴繁杂的首饰，不留碎发。茶道师的整体妆容给人的感觉应该是简单干净，清爽得体，并素手行茶。

行茶前应尽量将头发盘起或束起。净手后，行茶过程中不能再抓耳挠腮，更不能整理头发、使手不洁，否则对茶和茶友都是不敬的表现。

二　礼仪的意义

礼是规则，仪是程序，二者的结合，便是礼仪。中国乃礼仪之邦，孔子提出"为国以礼"，实现"老者安之，朋友信之，少者怀之"（《论语·公冶长》）的安乐盛世的至高理想，并提倡"克己复礼为仁"，即遵从礼仪的规范与约束。

茶人饮茶，或独饮，或两三好友共饮，沦一壶之清香，得半日之清闲，自有闲散清寂的意趣在里面。其间无尊卑之分、贵贱之论，然而礼法具备，非精行俭德之人不能胜任。茶道这种以礼为敬的仪式感非常重要。

其一，增加了人们对茶事活动的诚挚与恭敬之心。《礼记》云："夫礼者，自卑而尊人。"由此可见，礼就是要人们以诚挚之心、谦卑之态在社会生活中尊重他人。"所以治礼，敬为大。"（《礼记·哀公问》）《新唐书》的《陆羽传》中记载："羽衣野服，挈具而入，季卿不为礼，羽愧之，更著《毁茶论》。"李季卿召见陆羽，不以士人之礼相待，陆羽愤然而回，著《毁茶论》以示警醒。待客当以礼，失礼则为侮。同一件事情，以散漫之心与以诚挚之心去做，效果是截然不同的。茶道也是如此。

其二，是将茶道中的"茶"，与日常生活中浸泡的茶形成有效的区隔。在美学上，审美需要一定的距离，礼仪可以带来这种审美的距离感。英国美学家克莱夫·贝尔认为，艺术是一种"有意味的形式"。

茶道仪式的美，在于对待"平常"事物上的谨详安泰，另外，秩序的精细也成为美的气质。茶道的修持，遵从一定的规范与法度，在有条不紊、从容不迫的泡茶、品茶行为中，带来独特的美感与心的安定。

其三，茶道的仪式感本身就是专业性与艺术性的体现。茶道作为一种专门的研修方法，必须讲究一定的仪式与程序。仪式与程序是专业性、规范性、内在性的体现，遵循它会带来内心的认可感与归属感。例如日本茶道显然烦琐，却在烦琐之中有自然、有优雅、有风度、有规范，体现了特殊的专业性与艺术性，从而带来不同凡响的美感。

陆羽让茶道成为真正的艺术形式，在于他发掘了"精行俭德"的茶道精神，更为重要的是让茶道成为有讲究、有学问、有礼仪的文化生活方式。"但城邑之中，王公之门，二十四器阙一，则茶废矣。"（《茶经·茶之略》）在正式的茶宴上，缺少任何一件器具、任何一项礼仪，都会致使茶道废弃，实在马虎不得。如何煮茶，如何冲泡，如何品尝，如何奉茶，如何使用器具，都是有章可循、有法可依的。

日常生活时，饮茶可以快捷、方便、简单，这都没有错，但在茶道研修时，就应该严格遵守礼仪规范。当礼仪不复存在，缺失庄重感、艺术感、品位感的茶道，其风采和韵味也不再具备。唐代怀海禅师有感于僧众共处，仪轨松懈，于是制定"禅门规制"，即"古清规"，自此各地佛门法度走向完备，正声始振，禅宗得以流传后世。茶道虽非佛非道，同样也只有规范的程式才有利于它的传承与发展，也才是有生命力的。

席主六知

席主，即一席之主，是茶会活动中在茶席上泡茶、行茶之人。一位合格的席主，要求是全方位的，如对茶品的掌控、茶席的设计搭配、茶空间的布置等。除泡好手中的茶外，审美能力、广闻博见与文化修养都是必要的。具备知识体系积累，于席间方能做到细致入微，从容大方，张弛有度，缓急有序。光有理论而无践行如同空中楼阁，毫无根基；只会埋头操作而不从知识中学习，不增加自己的审美水准、广闻博见，只会让自己目光短视。

茶道的境界是达到人茶合一，安坐茶席，体悟到一盏茶的清安与自在。所以，一席之主，需做到以下几点：

1. 知茶

熟知各类茶品的特性，每一次冲泡之前了解其茶性，预先试泡，与茶静心对话，掌握其投茶量、水温以及时间。将茶品最完美的能量释放，方不辜负天赐灵叶。

2. 知境

对品茶环境的了解很重要，室内或是室外，气温、时辰、风向、周遭环境等有大致的了解，更利于茶席布置的整体风格与冲泡时注意事项的提前预备。

3. 知人

席主不仅要懂得茶品与环境的情况，更需要对品茶宾客的性别、职业、平日饮茶习惯、身体状况等做一些了解，更有利于茶汤的控制和茶席布置的设计，让宾客拥有更有亲和力及舒适的品茶体验。

4. 知器

茶席之上所用器具的特性、材质对茶汤的影响非常大，席主需了解所用器具用途、优劣，摆放位置是否方便冲泡与品饮。品茶过程中器具与人的交流频繁，还需考虑其色彩、手感与对茶汤和香气的影响。最后，还需对煮水所需火、电等选择预备到位，方便行茶过程中的操作与控制。

5. 知水

水为茶之母，器为茶之父。不同水质，于茶汤呈现的状态也会有所不同。每一次冲泡，水内的物质不同对口感体验也会有所影响，故对水质的提前了解、品尝、试泡就很关键了。

6. 知艺

一席茶间，冲泡是对人味觉、嗅觉等直观的传递，除身体感官的照顾外，还需对审美心理有体会。茶道是一门冲泡的艺术，茶空间和茶席的布置风格，需要艺术审美的升华与点睛，故茶道对茶道师的要求除扎实的功底外，学习一门艺术如琴棋书画，也是必经之路。这对沉浸式的品茗体验感几乎是不可或缺的。

席上交流

第四节

交流是人把自己所知、所感等分享给他人，从而相互受益。引导则是通过行为或是带领，让人进入新的理解层面。一席茶间，也是需要交流和引导的。席主通过自己的专业知识与肢体语言带领宾客进入佳境，交流彼此当下的所思或疑惑，让品茶或为静品或为解除疑虑。

作为一席之主，精心的筹备，通过不断地试茶练习增加对茶品的熟悉度，为品茶的细枝末节做足准备。准确地将茶品的气质与个性展现传达，扬优而不避短，客观而有引导性地搭建起一座桥梁。那么茶会或品茶中，席主做好以下几点，方能更充分地在有限的时间和环境中展示出茶品、茶席及席主的最好状态。

其一，茶会开始前主动并热情地招待、引导宾客参观空间布置、茶席设计理念以及引导入座，与此同时了解宾客日常饮茶习惯，如平日是否饮茶、饮茶品种、浓淡、是否影响睡眠、是否出现过茶醉的历史等，了解情况后，在正式冲泡中可灵活调整投茶量、出汤时间和茶点的预备。

其二，对茶会主题提前做好功课，如茶会主题、分享嘉宾的情况、主题与茶品之间的联系，以便更好地服务嘉宾。

其三，在茶会正式开始时，主持人提醒嘉宾把手机关闭或者静音。在茶会过程中不进行拍摄，专注吃茶，赏读席主行茶的仪态之美。茶会组织者也应该指定专职的摄影师、摄像师记录茶会，并在事后整理发布图片给嘉宾和席主。

其四，对于茶会的主题，茶席设计的初衷、装点搭配、所选主色调及材质应有充分理解，如果嘉宾提出疑问可轻松交流。

其五，品茶过程中，可以根据情况，介绍茶品的色香味形等方面的特征。席主可以先向嘉宾简单介绍茶品的名称、背景以及本次使用的冲泡方式。把茶品的特性、优点与美中不足都告知，引导嘉宾认识和体会茶品的特点。冲泡前可将茶品干茶给宾客轮流欣赏。茶汤冲泡出来分好汤后，席主需向大家示意可以品饮了，同时嘉宾也可以微微点头表示谢意，再举杯嗅香、品啜。

如果宾客对品茶汤中出现差异性疑虑，席主可通过以上几点充足的准备，耐心与其沟通，通过对茶叶原料、产地的情况说明，客观阐述茶品特点做引导，通过有效沟通打消宾客疑虑，也能更好地赢得嘉宾的信任与尊重，同时也维护了品牌和企业形象，让品茶过程畅通无阻、轻松有趣。

其六，席主冲泡时需专注于茶汤状态，同时茶会中还需有敏锐的观察力，精准洞悉宾客反应和所需，及时做出应对处理。嘉宾在品饮之余，轻声讨论茶品的特点，赏玩茶器，读解主题茶席的设计之美，给席主带来有益的建议。如果客人出现茶醉情况，可以提醒宾客食用茶点。如果客人对某款茶品很感兴趣，有购买意向，可提供相关的服务信息。

第八章

茶席设计范例

图8-1　茶席布置

仕席篇 〔第一节〕

一 《我有嘉宾》

"我有嘉宾"出自诗经《鹿鸣》，诗歌描绘了一个主客之间欢快相聚、和谐的场景，表达了对美好生活的向往。

> "呦呦鹿鸣，食野之苹。我有嘉宾，鼓瑟吹笙。吹笙鼓簧，承筐是将。人之好我，示我周行。
> 呦呦鹿鸣，食野之蒿。我有嘉宾，德音孔昭。视民不恌，君子是则是效。我有旨酒，嘉宾式燕以敖。
> 呦呦鹿鸣，食野之芩。我有嘉宾，鼓瑟鼓琴。鼓瑟鼓琴，和乐且湛。我有旨酒，以燕乐嘉宾之心。"

这次茶会的主题是"我有嘉宾，天地同声"。虽然我们每个人的性格、经历、年龄、学历等不同，但在音乐面前，却有着同样的热情与爱好。我们的茶席设计，以雅致纯净为美，如同纯净的音乐一般。我们将身边一切美好与祝福化作乐声和一盏茶，茶和音乐可以说超越了言语的美好，是天地间最美的心声（图8-1至图8-5）。

❶ 图8-2　茶笺

❷ 图8-3　碟鼓演奏

❸ 图8-4　古筝演奏

❹ 图8-5　茶席插花

二 《曲水流觞》

　　曲水流觞，源自王羲之《兰亭集序》："一觞一咏，亦足以畅叙幽情。"夏历的三月上巳日祓禊仪式之后，大家坐在溪水两旁，在上流放置酒杯，酒杯顺流而下，停在谁的面前，谁就取杯饮酒。后来成为文人墨客诗酒唱酬的一种雅事。清代的沈复在《浮生六记》第六卷中有道："约几个知心密友，到野外溪旁，或琴棋适性，或曲水流觞。"

　　一花一草皆有诗意，一觞一咏间悠悠自在；千山一叶皆成锦绣，曲水流觞中品味大益（图8-6至图8-8）。

❶ 图8-6　茶席设计细节
❷ 图8-7　茶席插花

图8-8 茶席全景

图8-9 茶席布置

云席篇 〈第二节〉

一 《高山流水》

茶之清逸，沐沐如风。天地之间，畅畅行云。古有兰亭之会，今有《云席》之悠然。"野泉烟火白云间，坐饮香茶爱此山。"景致的悠远，心灵的平静，皆融入一杯有灵性的茶盏中。一花一世界，一席一天地，茶是心与自然间的灵媒（图8-9至图8-12）。

❶ 图8-10　林间品茗

❷ 图8-11　户外布席

❸ 图8-12　交流互动

二 《围炉煮茶》

　　曾几何时，围炉煮茶成为一种时尚。于秋冬时节，邀三五好友，携炉具，煮佳茗。

　　时序漫漫移华，炉暖依依，烟火人间；慢烤茶食，茶香四溢，时光流转，遥遥可期；再续茶缘，轻安自在（图8-13至图8-17）。

❶ 图8-13　围炉煮茶

❷ 图8-14　红泥小火炉

❶ 图8-15　林间茶席

❷ 图8-16　云席茶具

❸ 图8-17　席主泡茶

三　其他云席（图8-18至图8-22）

❶ 图8-18　篱笆院落内的茶席

❷ 图8-19　户外席地布席

❶ 图8-20　户外藤桌布席

❷ 图8-21　席主行茶

❸ 图8-22　庭院布席

图8-23　春日茶席

第三节 四季篇

　　《周易》云："寒往则暑来，暑往则寒来，寒暑相推，而岁成焉。"郭熙的《林泉高致·山水训》："春山淡冶而如笑，夏山苍翠而如滴，秋山明净而如妆，冬山惨淡而如睡。"节气的变换，万物的荣枯，四季的秀色，都蕴含在春生、夏长、秋收、冬藏的自然演化之中。

　　一年四季，都可品茶。不同的季节，不同的景象，不同的风味。茶席的季节感，应时而动。屠隆有"若明窗净几，花喷柳舒，饮于春也。凉亭水阁，松风萝月，饮于夏也。金风玉露，蕉畔桐阴，饮于秋也。暖阁红炉，梅开雪积，饮于冬也。"在茶席设计时，可作参考。

一 《春》之席

春来万物复苏，生机勃勃，百花盛开，争奇斗艳，让人心胸舒畅。"万紫千红总是春"，在春意融融、鸟语花香的大自然中，让人们品尝到新鲜的春茶，感受春天的气息，也可增进人与人之间的交流和感情（图8-23、图8-24）。

图8-24　春日溪畔茶席

二 《夏》之席

夏日炎炎，最重清凉。于阴凉处，荷花相伴，喝一杯茶，清泄暑热，静坐养心，回归心灵的朴素宁静（图8-25、图8-26）。

❶ 图8-25　夏日泛舟设席

❷ 图8-26　夏日树下布席

三 《秋》之席

秋季，是收获的季节。果实累累，饱满圆润；叶片金黄，色彩斑斓。秋气干燥，气温适宜，是布席喝茶的好光景（图8-27、图8-28）。

❶ 图8-27　秋日户外布席

❷ 图8-28　秋日室内布席

四 《冬》之席

　　在立冬之时，气温下降，在室内抚琴焚香，再泡一杯温暖的熟茶，别有一番雅趣。故冬天的茶席，需要通过插花、茶汤、茶器的色调、席布、茶境等多方面，营造出温馨与关怀（图8-29、图8-30）。

❶ 图8-29　冬日室内布席
❷ 图8-30　冬日户外布席

图8-31　书写

第四节

二十四节气篇
（部分）

一 《芒种》

芒种，是二十四节气中第九个节气。在此时节，夏天的氛围越来越浓，择一竹林静谧处，感受无上之清凉。"宁可食无肉，不可居无竹。"以茶饮、以清居、以艺文，给生命以广阔的天地。

选用鹅黄洒金纸席书写千字文为底，再搭配湖绿色席布为主色调。主泡器选用松石蓝描银盖碗，元宝器型并带有竹子图案契合主题空间。整体选器遵循自然规律及色调，另其更具风雅，置身大自然中亦协调清尚（图8-31至图8-34）。

❶ 图8-32　正面茶席展示

❷ 图8-33　茶席全貌

❸ 图8-34　席主行茶

二 《小暑》

小暑开始进入伏天,一年中气温最高闷热时段。辛弃疾诗中曰:"而今何事最相宜?宜醉宜游宜睡。"小暑时节,荷花盛开,一场小雨过后水雾袅袅,择一荷塘,于乌篷船中布置一席清雅,饮茶纳凉。风拂莲花,碧波微漾,心弦亦动。茶席布置契合袅袅水雾,仿若置身仙境,却又被一盏茶汤或是游过的小野鸭唤醒。主泡器与主花皆以冷色调为主,整体搭配呈现出小暑节气的莲香荷韵(图8-35至图8-38)。

❶ 图8-35 乌篷船内布席

❷ 图8-36 应景点缀用器

❶ 图8-37 茶席自然环境

❷ 图8-38 茶席用器

三 《立秋》

　　立秋，是秋季的第一个节气。立秋并不代表酷热天气就此结束，立秋还在暑热阶段。然暑热微雨时，沿着铁轨走进一旧式工厂，在工业风茶席中，感受时光的轮转，感受曾经的辉煌与热烈，以及如今沉寂、斑驳的痕迹。器具选择带有金属感的柴烧器皿，就地取材周围带有锈铁钉的朽木、松柏、石榴以及锈迹斑驳的铁桌，瞬时，时光被茶汤凝固了。一切好像刚刚好，一切又好像一同走过。正如这年轻的血液中，还未来得及伤春悲秋感叹这冷清秋，倒多了一份活力，一份艺术感染力（图8-39至图8-43）。

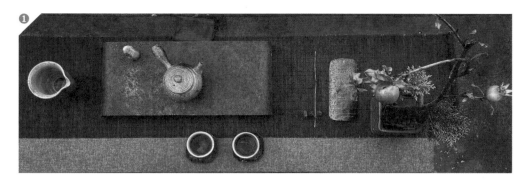

① 图8-39 俯视茶席

② 图8-40 茶杯

③ 图8-41 行茶

❶ 图8-42 插花

❷ 图8-43 金属质感茶席设计

四 《处暑》

　　处暑隶属秋季的第二个节气。处暑，即为"出暑"，是炎热离开的意思。在艺术庄园里，空阔的空间，感受四季的变化，伴着和煦阳光，用琴筝的声音唤醒茶汤，与炎热的季节做一个告别。

　　茶席器具选用玻璃器皿，既纯净淡雅，又显茶汤透亮色泽。整体布置简洁、留白，更多的空间留给品茶者填补、回味。品杯以"宫、商、角、徵、羽"为名，每一支水晶品杯大小形状，错落高低，仿佛不同的韵律，亦很好地保持茶汤的香气及滋味（图8-44至图8-48）。

❶ 图8-44　茶席全貌

❷ 图8-45　泡茶

❸ 图8-46　分茶

❶ 图8-47　展示

❷ 图8-48　抚琴

五　《寒露》

寒露是秋天的第五个节气，秋凉而成白露，秋冷而成寒露；这是一个转化的节气，深秋凝露而来。一年中，要进入这个节气，必先经历春天的灵动、夏天的绚烂、初秋的清朗、中秋的成熟，才能开始静享时光的沉淀和转化。

茶席的设计需从容大气，在搭配上体现"精致与简单之间的自由"。主泡器为紫陶修竹壶，壶身油润光泽，竹子的颜色是白中透出青灰，越显竹的风骨和高洁，具有典型的中国文人意趣。手绘石榴粉彩品茗杯，是仿古的八方形，红红火火的传统文化元素，提亮了整个席面。锡制中式莲瓣茶荷，与主泡器清雅、高洁的调性非常协调。金属、木质、陶瓷材质之间接洽自如，凸显普洱岁月陈香之韵味（图8-49至图8-53）。

❶ 图8-49　茶席全貌
❷ 图8-50　主泡器

❶ 图8-51 品茗杯

❷ 图8-52 熏香

❸ 图8-53 茶荷

六 《小雪》

小雪是二十四节气中第二十个节气，冬季第二个节气。小雪时节，寻一处清静之地，饮一杯热茶，伴随着茶中的滋味变化体味四时的美好。

主调为民国风格法式古典风情，其中苏绣挂画、石雕石墩、亭台水榭等展现一席华美的温度。选用手作锤纹提梁银壶，充满高贵不俗的雅韵。描金官窑国色牡丹公道杯，釉面开片自然，整体古韵气质相得益彰，牡丹图案线条流畅赏心悦目，契合茶席整体的华美质感。花器选用窑变陶制圆形花器，主花为紫色渐变牡丹菊，配花为四季杜鹃、栀子果实，呈现出花团锦簇之感，山茶枝叶、兰草的叶子为点缀，兰草线条使作品更加柔和（图8-54至图8-57）。

图8-54　席主行茶

❶ 图8-55　茶席全貌

❷ 图8-56　公道杯

❸ 图8-57　插花

图8-58　茶席整体风格

第五节　主题茶品篇

一　《7542》

《7542》作为大益一款经典茶品，令无数茶人痴迷，是普洱生茶的标杆，自带王者气息。《7542》的茶席，整体色彩上以蓝色为主色调，与茶饼包装颜色相呼应。一把提梁壶，霸气且能保持沉稳气质，令茶席增色不少。茶杯则是一款比较古雅的蓝色花纹茶杯，与整体风格颜色相符。插花为红色的山里红枝条和深浅不一的主花洋牡丹，附以蓬莱松搭配，整体点缀出春天的气息，同时起到画龙点睛作用（图8-58、图8-59）。

图8-59　茶席局部展示

二 《乔木圆茶》

"深山万木春，宝藏十年陈。"这是一款由时光和匠心汇聚而成之佳作。历经十年陈华，汤色橙黄口感极佳。其外包装版面，采用中式山水画法的设计，大面积留白体现中国画的写意，米黄底色让茶饼彰显年代感，符合十年陈的定位；云雾缭绕的深山给予无限遐想，整体呈现满满的高级感。

在设计主题茶席时，将其定位于典雅风格；细节处强调精致，视觉上要适当留白，营造高级感。在空间上，选择自然景色中的绿叶与树荫为背景，契合"深山万木春"的定位。茶器则以线条简洁的纯色瓷器如白瓷、琉璃为主。主泡器为草木灰釉的侧把壶，浅灰外表增添质朴之感，耐人寻味。银釉碗形陶制花器，搭配杜鹃根、百子莲插花，再加入就地取材的野草、长叶，整体搭配寓意取天地之精华，表现强韧的生命力，展现乔木生生不息之气。茶席典雅、古朴，茶品高贵、经典，两者相得益彰，给品饮者带来更多的想象空间。在席间品茗一口，"深山万木春"的气息便已游荡于身心（图8-60）。

图8-60　茶席展示

三　《龙柱》

大益龙柱圆茶传承"龙团凤饼"的设计理念，品质独特，文化底蕴深厚，彰显皇家气息。"龙柱圆茶"生茶的外包装以紫色为底，代表着尊贵与地位。版面图纹采用中国传统纹样海水江崖纹，象征"绵延不断""福山寿海"，整体更有"紫气东来见祥瑞"的美好寓意。

在设计时，茶席的整体以"龙柱圆茶"的外包装——紫色为主。为与整个场景搭配，器具选用深色系或者透明鎏金茶具，既强调新颖，又不乏贵气。主泡器选用浮雕烫金陶瓷盖碗，以单色胜万彩，茶器边沿融入一抹金，更显熠熠生辉，同时契合了茶饼与茶席的色调。金箔竖纹品茗杯，高透玻璃材质更显茶汤晶莹透亮。采用黄色和紫色两个颜色的席布搭配，呼应茶品包装色系。插花以线条为主，黄色彼岸花搭配橘黄色火焰兰，黄色、紫色为比对色，契合整体色调，使茶席整体更具立体感（图8-61）。

图8-61 茶席整体色调

四 《7672》

　　《7672》属于大益茶经典系列产品，曾经在2005年的第二届中国国际茶业博览会上，摘得"2005年度中国国际茶业博览会银奖"。2001批次的大益《7672》采用细芽金毫撒面，中壮茶青为里茶，综合品质较高。它以糖香馥郁、稠滑如丝的口感特点，给消费者留下深刻印象。

　　为迎合其气质，谱写此茶品的历史与殊荣，整个茶席的色彩以红与黑的古典配色为底，加入浅色底花纹茶器、翠绿枝叶、淡粉色插花等。采用雾蓝白瓷公道杯，呼应主泡器上的蓝色图案。用插花、烛台、茶器高低的错落感官，再搭配圆润的造型，勾勒出茶席中柔和的线条，点缀出一份专属的"甜柔"（图8-62）。

图8-62　茶席整体展示

参考文献

[1] 丁以寿. 中国茶文化概论 [M]. 北京：科学出版社，2019.

[2] 〔唐〕陆羽著. 王建荣翻译. 陆羽茶经 [M]. 南京：江苏凤凰科学技术出版社，2022.

[3] 清静和. 茶席窥美 [M]. 北京：九州出版社，2016.

[4] 詹詹. 一席茶 [M]. 北京：中国轻工业出版社，2019.

[5] 廖宝秀. 历代茶器与茶事 [M]. 北京：故宫出版社，2018.

[6] 潘城. 茶席艺术 [M]. 北京：中国农业出版社，2018.

[7] 蔡荣章. 茶席·茶会 [M]. 合肥：安徽教育出版社，2011.

[8] 乔木森. 茶席设计 [M]. 上海：上海文化出版社，2005.

[9] 周新华. 茶席设计 [M]. 杭州：浙江大学出版社，2016.

[10] 池宗宪. 茶席：曼茶罗 [M]. 北京：生活·读书·新知三联书店，2010.

[11] 大益茶道院. 静品茶诗 [M]. 北京：中国书店，2014.

[12] 吴远之. 茶道九章 [M]. 北京：中国书店，2015.

[13] 全唐诗 [M]. 北京：中华书局，1999.

[14] 鲍志成. 径山茶宴 [M]. 杭州：浙江摄影出版社，2016.

[15] 高天. 音乐治疗理论 [M]. 北京：世界图书出版公司北京公司，2008.

[16] 周佳灵. 主题茶会中的茶席设计研究 [D]. 杭州：浙江农林大学，2016.

[17] 杨晓华. 茶文化空间中的茶席设计研究 [D]. 杭州：浙江农林大学，2011.

[18] 赵琳琳. 从宋画看宋代香具与香事活动 [D]. 青岛：青岛科技大学，2020.

[19] 高辉. 文徵明《惠山茶会图》考略 [D]. 杭州：中国美术学院出版社，2017.

[20] 余悦. 中国茶文化与生活"四艺"的体现 [J]. 农业考古，2012（5）：95-108.

[21] 龚娜. 茶席设计的研究综述 [J]. 福建茶业，2020（4）：162-163.

[22] 谢艳. 徐仲溪，浅谈茶席插花 [J]. 茶叶通讯，2014（3）：40-44.

[23] 吴觉农. 茶经评述（第二版）[M]. 北京：中国农业出版社，2005.

[24] 康定斯基. 康定斯基论点线面 [M]. 罗世平，魏大海，辛丽，译. 北京：中国人民大学出版社，2003.

［25］中国流行色协会. 色彩搭配师：基础知识［M］. 北京：中国劳动社会保障出版
    社，2021.

［26］大益茶道院. 紫砂艺术［M］. 北京：中国书店，2014.